改訂増補
第2版

でん粉製品の知識

原著者：高橋禮治
改訂編者：高橋幸資

幸書房

改訂増補第 2 版 発刊にあたって

でん粉ほど，本来の素材としての高分子の特徴や自然の構造性を巧みに生かされるものは他にみられず，しかも持続的に多量生産可能で，多くの食品や，化成品，工業原料として人間生活に密着して利用されているものはない．本書は，高橋禮治氏が 50 年に亘って培った豊かな経験に基づいて，このでん粉の製造，でん粉の構造や特性とその改質，でん粉製品等の膨大な知識をわかりやすく論述した優れたバイブル的書として 1996 年刊行され，その後 20 年間社会に広く貢献してきた．

しかし，この間，でん粉の需給の変化，でん粉を取巻く新たな進歩，社会のニーズの変化とでん粉の利用の変化もあった．これらを補うために,その意を継いで 2016 年原著の大部分を維持しつつ増改訂を行った．その増改訂も 5 年経ち，統計情報を含めて新たな知見も増えたので，今回再改訂することとした．未だ不十分な点も多々あるが，ご批判を頂いてさらなる充実に努めたい．

2022 年 7 月

高橋幸資

改訂増補 発刊にあたって

本書は，高橋禮治氏が長年培った豊かな経験を踏まえてでん粉の製造，でん粉の構造や糊化老化等の基本的特性やその改質，でん粉製品の知識等々多岐に亘る内容について簡潔明瞭にひも解いたもので，でん粉を学ぼうとする人を始め，でん粉の研究や加工食品の製造，工業的利用，また，でん粉を調理に利用する人にとって，他にない特徴をもった優れたバイブル的な書である．

本書は1996年上梓後2000年に一部改訂されて以来，20年の長きに亘り広く利用されてきた．しかし，この間でん粉の需給の変化，でん粉を取巻く科学の発展，社会のニーズの変化とでん粉の利用の変化もあることから，将来に亘って利用頂くために原著の見直しを行い適宜増改訂する必要が生じた．今般その役の機会を頂くこととなり，原著の大部分を維持しつつ，新たな知見や変化した点，さらに将来につながる事項について部分的に増改訂とすることとした．関係情報を提供頂いた方々にお礼申し上げる．非力ゆえ不十分な点も多々あるが，ご批判を頂いてでん粉の応用技術の充実とでん粉製品のさらなる開発の一助となるよう目指したい．

平成28年2月

高橋幸資

発刊にあたって

朝の一碗の白飯や一片のパンから始まり，昼のうどんやそば，夕食前のビールや日本酒の晩酌と，でん粉を主体とする様々な飲食物により「糊口」をしのぎながら日々を送っている．特に米食民族といわれるわれわれの食生活を栄養面から見ると，たん白，脂肪，でん粉に代表される炭水化物のエネルギー源栄養素の摂取比率は15:25:60で推移し，世界で最もバランスのとれた優れた食事内容といえる．この流れは何も今に始まったことではなく，でん粉は古くから貴重なエネルギー源としてわれわれの生命を支えてきているわけであるが，あまりにも身近にあり過ぎたためか近代的な科学の目がそそがれ始めたのは最近のことである．

わが国では昭和27年,学官民の協力により日本澱粉工業学会（以後，日本澱粉学会，日本応用糖質科学会と改称）が設立され，翌昭和28年より学会機関誌が発行されるに及んで,でん粉の構造や物性などの基礎的研究，でん粉の製造，加工，利用などの応用技術の開発が系統的に進められるとともに，海外の学会との交流も活発化した．しかし，でん粉を構成するアミロースやアミロペクチンなどが新聞やテレビで取り上げられ，その基礎的知識が一般化するのは奇しくも平成の米騒動の結果で，大量の長中粒種（インディカ米）の輸入米の食感をめぐっての話題が契機となっている．

でん粉は現在でもわれわれには欠かせない食品素材であり，でん粉を多量に含む穀類やイモ類，これらのでん粉質原料から分離された精製でん粉は多種多様な食品に用いられている．例えば，麺やもち生地などの打ち粉としての直接的用途，白飯やパン，中華料理のとろみ付けのように加熱糊化により発現する粘性やゲル性などの物理的性質を利用する用途，ぶどう糖や水あめ，ビールや清酒など加水分解して糖化，さらに発酵して使用する用途などに大別できる．

ところで，でん粉を分解して利用する糖化技術，特に酵素利用技術は最近ではバイオテクノロジーといわれる新しい技術分野を築き上げ，多くの新機能製品が生まれている．これに比べて，でん粉を糊化してその高分子特性を利用する水産ねり製品，和菓子，麺類などの日本古来の伝統的食品では，でん粉の種類や粒子の大小などによりその品質が異なってくるので利用方法には自然発生的ともいえる要素が多く，いわば職人的な勘に頼って今日に至っているといっても過言ではない．

太陽と空気中の炭酸ガスなど自然の恵みによって生成するでん粉は，理論より先に「物ありき」「利用ありき」の状態で存在し，家内作業により食品に加工され，その延長線上で専業化し食品工業を支えているので，最近の基礎研究から得られる知見から見るとさらに合理的な利用法も考えられる．まして最近のレトルト食品や冷凍食品の普及につれて新しい機能が求められるに従い，使用上の問題点が生じてくるのは当然といえる．

そこで各種の加工食品に使用されている市販でん粉の製法，でん粉の構造や糊化，老化現象などの基本的性質，でん粉の物性改善のための加工処理，でん粉や最近注目され始めている新規な加工でん粉の食品への利用状況などについて実用面を主体に事典的にとりまとめ，今後の加工食品の質，量向上の一助ともなればと考え執筆してみた．したがって，本書は必要と思われるところから読んで頂ければ結構であり，また食品でのでん粉の使用状態から，この裏付けとなるでん粉の機能や物性，さらにこれらの特性をひきだすためのでん粉の加工技術や製造と，本書の構成とは逆に読んで頂く方がより実用的ともいえる．

でん粉の用途と同様に，でん粉製品の種類も多いので植物組織である細胞でん粉，ぶどう糖や近年研究開発でん粉が活発化しているオリゴ糖などの低分子糖類にはほとんど触れなかった．したがって，本書では各種でん粉原料からの市販でん粉，物理的処理でん粉，FAO/WHO（国連食糧農業機関／世界保健機関）で安全性の確認されている化学的修飾でん粉，酸や酵素による糖化物のうち分解度の低い水あめ，粉あめなどの食品用でん粉を対象としている．

また執筆にあたり，多くの先輩や同輩諸氏の貴重な研究成果を引用させて頂いたが，本書の性格から個別文献は最小限度にとどめ，目に触れやすい成書や総説を参考とすることとし，なかでも下記の3冊は座右に置いて利用させて頂いた．

二国二郎監修，中村道徳，鈴木繁男編，“澱粉科学ハンドブック”，朝倉書店（1977）

鈴木繁男，中村道徳編，“澱粉科学実験法”，朝倉書店（1979）

R. L. Whistler, E. F. Paschall eds., “Starch ; Chemistry and Technology”, Vol. I (1965), Vol. II (1967), Academic Press.

このように多くの貴重な文献や資料がなかったならば本書は出来上がっていなかったわけで，長年にわたり御指導を頂いている諸先生方，ならびにでん粉や食品産業界の諸賢，研究開発をともにした職場の方々の御尊名を省略させて頂く非礼をお詫びするとともに，厚く謝意を表わす次第である．また本書の企画，整理，出版の労をとられた幸書房，夏野雅博氏に御礼申し上げる．

脱稿して振り返ってみると，視野の狭さから不備な点が多い．特に利用面においては，その分野に限定されている個別技能が重視されているので内容的（レシピーの省略も含めて）に「曖昧模糊」とした記述になってしまったこと，またでん粉利用の実際面とこの際惹起していると思われるでん粉の挙動やその機構との関係には不明確な点が多いため，事実関係を「糊塗」し，勝手な解釈により誤りを冒しているのではないかなどを危惧している．諸賢の忌憚のない御批判を頂いて，でん粉の食品への総合的な応用技術の充実や新食品の開発を図りたいと念じている．

平成８年３月

高橋禮治

目　　次

I　世界のでん粉産業

古代遺跡の発掘調査で出土する獣骨や貝類とともに数多くの野生の植物子実も発見されることから，これらが食用に供されていたことが容易に推察される．なかでもトチの実やドングリを板状あるいは皿状の石器で粉砕し，水晒(みずさら)しや煮出しアク抜きして食用に供していたことが明らかにされてきた[1)]．これは植物子実からのでん粉の抽出，製造，利用にほかならない．このようにでん粉は，5,000年以上も前から人類の大切な食糧として，そしてのちには再生可能な工業原料として日本および世界各国で利用されてきた．

世界のでん粉製品（糖化製品を除く）の2019年の生産量は，4,398万tで，天然でん粉（コーンスターチ，タピオカでん粉，馬鈴薯でん粉，小麦でん粉）は約3,322万t，糖化製品の消費量は約3,075万tで、天然でん粉が依然でん粉の利用の大半を支えている．天然でん粉のうちコーンスターチが全体の43.5%（約19,144万t），次いで加工でん粉（約9,240万t）およびタピオカでん粉（約9,216万t）がともに21.0%，小麦でん粉（約3,107万t）が7.1%，馬鈴薯でん粉（約1,749万t）が4.0%，その他（他のでん粉や糊，接着剤など向けに，約1,528万t）が3.5%の生産割合になっている．でん粉生産量は2000年以降毎年増加しているが，馬鈴薯でん粉はこの2年間続いて減少した．なお，でん粉の消費量はおおむね生産量と同じである（農畜産業振興機構2021年）．

1. 日本のでん粉産業

スーパーに並ぶおびただしい加工食品の成分表示には「澱粉」「でん粉」「でんぷん」「デンプン」「スターチ」と色々な表記が見られる．ところで，でん粉は他の漢字と同様に中国からの伝来語のように思われるが，実は今から約180年前にオランダ語の訳語としてできたことがわかっている[2)]．幕末の医者，洋学者として有名な宇田川榕菴（うだがわようあん）のオランダ語の有機化学の訳本である『舎密開宗（せいみかいそう）』（天保8年，1837年）中に「澱粉」の文字が見られる．これは英語のSet Mealに相当するオランダ語Zink-Poederを，「沈澱しやすい粉」すなわち「澱粉」（現在では常用漢字から外されているので，以後「でん粉」と表記）と訳したと推察される．翌年には3巻よりなる植物学入門書である『植学啓原（そくがくけいげん）』を著している．この中にでん粉の記述があり，「葛粉，漿粉，天花粉などを総称してでん粉という．根と種子にはでん粉が多い．水に溶けず，放置すれば沈んでしまう．水にまぜて180度（82°C）に加熱すると凝固して糊となる．〈中略〉でん粉は水素，炭素，酵素よりなる」（意訳[3)]）とあり，でん粉の基礎的特性は今日でも通じることに驚く．

この記述に見られるように，「でん粉」の呼称の前は「葛粉（くずこ）」が一般名であったと思われる．事実，天平5年（733年）の『出雲風土記』に「山野にある産物」としてクズが記載され[2)]，『万葉集』にもうたわれている．この頃にはワラビや，わが国の北東部の原野に自生するカタクリなどのでん粉が，救荒植物食料に用いられていたと推察される．これらの原料は栽培植物にはならず，現在では生産量は少なく入手困難である．

1.1 小麦でん粉

小麦でん粉は奈良朝時代に始まったと推定される．552年に仏教とともに麩（小麦グルテン）を食べ物として利用する風習が伝来しているので，その副生品としてでん粉も得られていると想像される．

正徳2年（1712年），寺島良安編集の百科事典ともいえる『和漢三才図会』巻103に小麦でん粉（漿粉；前述の『植学啓原』参照），巻105に小麦グルテン（麪筋ふ）の記載がある[4)]．これによれば「小麦粉の捏た塊を水とともに桶の中に入れ，足で数百回踏みつけて残るグルテンは煮て食用に，流れ出たでん粉は衣服の糊付けに用いる」と述べられている．小麦グルテンは焼麩や生麩に使用され，小麦でん粉製造業を兼ねた麩屋が存在していた．明治末期になると繊維工業の発展につれ関西，北陸地方には千数百軒の麩屋があり，大正時代にはこれらの麩屋の生でん粉を集めて精製する小麦でん粉工場も出現したといわれている．

小麦でん粉の生産量が増大するのは，明治41年（1908年），昆布のうま味成分がグルタミン酸ナトリウムであることが発見され，この原料に小麦グルテンが使用されてからである．その副産品として大量に生産された小麦でん粉は，繊維用糊料や関西かまぼこに販路を見出し，昭和初期に1万t，昭和10年代には2万tに達した．戦中には中断したが戦後急激に増加し，昭和35年（1960年）には約11万tの生産量となった．しかしながら，グルタミン酸ナトリウムは発酵法に転換されて大幅に減産した．最近は約1.5〜1.7万t程度の供給量で推移している［農林水産省2020年（でん粉年度，当該暦年の10月1日から翌年の9月30日まで）見通し］．

1.2 甘 藷 で ん 粉

甘藷（かんしょ）でん粉製造の歴史は古く，発祥地は千葉県といわれている．天保5年（1834年），千葉県蘇我町で十左衛門が手摺（てず）り法で製造し，織物の糊材やくず粉の代替に用いた．その後，万延元年（1860年）に絹篩（きぬぶるい）を使用した上晒粉（じょうさらしこ）である食用でん粉が生産されている．明治37年（1904年）に動力による甘藷の機械磨砕も行われ，近代的な製造法に発展した．ほぼ同時期に九州の長崎県大村地方，鹿児島県鹿屋地方でも甘藷でん粉の生産が始まっている．このように，甘藷でん粉の製造は関東式，大村式，鹿児島式と呼ばれる地方性の高い生産方法によって広がっていった．

最盛期の昭和38年（1963年）には約74万tを記録し，国内では最も生産量の多いでん粉であった．これは戦後に不足していた国産甘味料を製造するための原料でん粉として注目され，栽培面積，収穫量が飛躍的に増大したからである．しかしながら，その後の国内の農業構造の変化に伴う栽培地の減少や廃水問題などによって減産の一途をたどり、現在は南九州地区の18工場のみである．九州の鹿児島，宮崎で生産される2021年の甘藷でん粉は約2.1万t（農林水産省2021年見通し）である．

1.3 馬鈴薯でん粉

同じ地下でん粉である馬鈴薯でん粉の生産動向は，甘藷でん粉とはやや異なる．北海道における馬鈴薯でん粉の製造も古く，安政年間（1850年代）に始まったとされる．明治6年（1873年），アメリカから馬鈴薯の新品種の導入が始まり，北海道の主要農産物として大きく期待され，適作物として農業生産者に奨励されて広まった．

明治15年（1882年）渡島支庁，八雲村の辻村勘治が水車を動力として製造し販売された．このように馬鈴薯の生食以外の有効な利用法として始まったでん粉製造は，余剰農産物の活用として繊維工業や関東かまぼこ用としての市場を形成した．

馬鈴薯でん粉の生産は昭和40年（1965年）に25万tに達したが，以後20万t台前半の水準で推移していた．2019年は18万t（農林水産省2020年見通し）となっている．他のでん粉に比して年次により生産量にやや変動が見られるが，これは原料馬鈴薯の豊凶作に由来している．

馬鈴薯でん粉は，今後ともこの生産量を維持していくものと見られている．原料馬鈴薯の品種改良，原料集荷範囲の拡大，新設備の積極的な導入が行われ，また公害対策などのために小工場の乱立から大型合理化工場への集中化が急速に進められ，昭和初期の2,000工場は，昭和40年（1965年）540工場，最近では16工場に集約され，1工場当たりの原料処理能力は1,200～1,920 t/日，でん粉生産量も19,000～28,000 t/年と飛躍的に増大している．

1.4　コーンスターチ

コーンスターチの生産は，戦後の昭和25年（1950年）に始まったが，昭和31年（1956年）まではわずか1社，その生産量も1万t弱の全く新しいでん粉産業であった．1950年代後半になると景気上昇に伴う農業構造の変化，農業労働力の都市流出により，でん粉原料の主体であった甘藷が減って，新しいでん粉の担い手としてコーンスターチが注目され始めた．

多くの他種でん粉メーカーなどが参入し，国内でん粉供給量の約

85%（211万t，農林水産省2020年見通し）も占めるに至った．コーンスターチ工業の優位性は，次のような理由によるものと考えられる．

① 年間操業が可能

イモ類は収穫後糖分が増加，でん粉の歩留りが減少するとともに腐敗しやすくなるが，コーンスターチの原料となるトウモロコシは長期貯蔵に耐える．このために，イモ類でん粉の60〜80日操業に対し年間稼働が可能であり，高度の機械化，連続化により大量生産ができる．

② でん粉乳からの一貫生産が可能

コーンスターチの生産，販売の急激な伸びは，従来の糖化工業が甘藷でん粉からコーンスターチに原料転換したためである．それは，トウモロコシから糖化品まで一貫生産でき，でん粉工場が糖化工場にもなり，需要への迅速な対応が可能となるからである．

③ 副産品を含めた総合的利用

コーンスターチは，トウモロコシ中の油やタンパク質，食物繊維などの各種成分を効率よく分離しながら製造する．このため，でん粉以外の成分も副産物として生産でき，これらの総合的有効利用により大規模化や多角化が図れて，コストの低減が可能となる．

④ 原料トウモロコシ品種の多様化

原料トウモロコシには変異種が多いので，従来品種とともにもち種（ワキシー）トウモロコシ，高アミローストウモロコシなどの品種改良品が商業ベースにのって栽培されている．これらから得られるコーンスターチは従来品とは異なった機能があるので，新規用途につながる．

現在，国内では11社14のコーンスターチ工場が稼働し，最大生産能力は日産1,700 tである．

1.5 でん粉の輸入

でん粉の国内生産量および輸入量の昭和20年（1945年）代からの推移は概略次のようである．

国内総生産量は順調に増加したが著しい構造変化もあった．コーンスターチの生産量は，当初1万t程度であったが昭和35年頃（1960年）から年間6〜7万t程度ずつ増加して，平成2年（1990年）には240万t台まで急増した．一方，甘藷でん粉は，昭和40年（1965）頃まで増加して60万t弱となったが，その後の10年間で1/10程度に激減し，現在は約2.1〜2.8万tである．馬鈴薯でん粉の生産量は，昭和40年（1965年）頃まで増加したが，その後増減はあるものの全体的には20万t台前半で安定的に推移し，小麦でん粉は，でん粉の中では生産量が最も少ない．昭和35年（1960年）頃までは10万t台まで増加したが，その後減少した．2021年の供給量は，コーンスターチが約209万t（でん粉総供給量を約242万tとしたときの86%），馬鈴薯でん粉が約15万t（同6.2%），甘藷でん粉は約2.1万t（同0.9%），小麦でん粉が約1.5万t（同0.6%）である（農林水産省2021年）．

このような国内供給の背景の中，でん粉の輸入は国内産甘藷，馬鈴薯でん粉の保護のために昭和23年（1948年）の農産物価格安定法，昭和40年（1965年）の関税割当制度によって規制され，コーンスターチ製造用のトウモロコシの輸入も割当制の枠内（TQ 制）にあった．昭和 43 年（1968 年）からは，国産イモでん粉を割高なコストで購入すると，一定割合で輸入トウモロコシや糖化製品用の輸入でん粉の輸入関税が免除される制度が導入された．

しかしながら，国内外の社会経済情勢の変化により，昭和 47（1972 年）でん粉年度から加工でん粉は自由化され，その輸入量は 20 万 t に達し，大半の 55% がタイのタピオカでん粉製品，次いでヨーロッパの馬鈴薯でん粉製品であった．わが国農産物への世界の市場解放圧力はさらに強まり，平成 2 年（1990 年）のでん粉糖化品，平成元年（1989 年）からのでん粉製造用トウモロコシの TQ 制度の運用改善に次いで，平成 7 年（1995 年）からは GATT・ウルグアイラウンドによるでん粉を含む農産物の関税化と輸入自由化に伴い，世界各国からのでん粉輸入量は増大する傾向にある．現在は，輸入トウモロコシと一部の輸入でん粉に対して調整金を課し，それをでん粉用イモ生産者やイモでん粉製造事業者に交付金を支給する価格調整制度になっている．

天然でん粉の輸入量は，比較的安定していて平成 21～令和 3 年（2009～2021 年）では，約 13～15 万 t で，でん粉総供給量の 5～6% に当たる（農林水産省 2022 年）．その内訳は年度によって若干の違いがあるが，タイ，ベトナム，ミャンマー等からのタピオカでん粉が主要で，約 12～16 万 t（輸入でん粉量の 73～86%，平均 82%），ドイツ，デンマーク，オランダ等の馬鈴薯でん粉は約 0.5～1.7 万 t（同 3.4～11.9%，平均 6.9%），タイ，ベトナム，マレーシアのサゴでん粉は約 1.5～1.9 万 t（同 9～13%，平均 10%），オーストラリア，オランダ，アメリカ等のコーンスターチは約 0.3～3.3 千 t（同 0.3

〜1%，平均0.6%），その他のでん粉は1.6〜2.0万t（同9.7〜14%，平均11%）となっている．一方，加工でん粉（でん粉誘導体，デキストリン等およびつや出し剤・仕上げ剤）は，タイ，ベトナム，中国等から約41〜53万t（平均43万t）輸入されている（財務省貿易統計資料 2009〜2019年度）．

2. ヨーロッパ（EU）のでん粉産業

ヨーロッパのでん粉の利用は，歴史上の記録では工業用途から始まった．でん粉を使った最古は紀元前3000年頃の古代エジプトのパピルスで，その後も紙のサイズや繊維の仕上げ糊（ミイラに巻かれた布）に使用されている．これらには小麦でん粉が使用されたと推測される[5]．それは，紀元前184年，ローマの大カトー（M. P. Cato；同名の曽(そ)孫と区別するために「大カトー」と呼ばれる）の『農業論』（De Agricultures）に「小麦穀粒を水中に10日間浸漬(しんし)した後，粒を圧縮，清水を加え撹拌，放置，水中に沈んだ部分を取り出して風乾した粉末をリネン織物の仕上げ」に利用したことが記されているからである．ギリシャ語のamulon，ラテン語のamylum，フランス語のamidonは「製粉しないで得られる粉」の意味で，小麦でん粉の製造からきた言葉で，英語のstarch，ドイツ語のdie Stärkeは「強い，パリパリして固く」する繊維の糊付けなどの利用からきた言葉である[6]．ギリシャ，エジプトで始まった小麦でん粉の製造は，14世紀ヨーロッパに伝わった．中世の英仏の貴族は洗濯物やひだ飾りの糊付け，そのまま，または着色してヘアパウダーなどの化粧品として使用している．1750年代，イギリスでは紡績工業の発達とともに経糸(たていと)の糊付けに使用されて生産量が増大した．1838年に，フランスのマルチンによって小麦粉を原料とするでん粉の製造法が開発された．小麦などの穀類の高騰により食糧と競合する小麦でん粉の製造は減少したが，現在のEUの総生産量は約1,070万tで，小麦でん粉はその約40%と推定される（農畜産業振興機構 2020年）．

小麦でん粉の代替として，1765年頃よりドイツで，1800年にはイギリスで馬鈴薯でん粉工業が起こり，19世紀初頭の紙・繊維工業の発展につれて手工業から機械工業に発展した．馬鈴薯の生産地であるドイツを中心に1940年頃までに製造技術の改良が進められ，機械化，連続化，高品質化，廃水処理技術が発達し，わが国の馬鈴薯でん粉工業に大きな影響を与えた．現在のEUにおける馬鈴薯でん粉の生産量は約150万t（農畜産業振興機構 2020年），主な生産国はドイツ，オランダ，フランスでその80%を占め，デンマーク，ポーランド，ロシア，スウェーデンなどにも及んでおり，わが国の輸入量は年間約5万tで逐次増大する傾向にあったが，近年の輸入量は年間約0.5〜1.7万tである（財務省貿易統計資料 2009〜2019年）．

アメリカで発達したコーンスターチ工業は，1950年，ドイツでも生産が始まった．現在ではイギリス，フランス，イタリアなどEUでも，主としてアメリカのトウモロコシからでん粉総生産量の50%弱が生産されている（農畜産業振興機構 2020年）．

3. アメリカのでん粉産業

アメリカのでん粉の生産はコーンスターチが中心と思いやすいが，歴史的にはヨーロッパで発達した小麦でん粉が最初で，1807年にニューヨーク州で始まった．次いで1820年にはニューハンプシャー地方で馬鈴薯でん粉が生産され，綿紡績工業への使用量が順次増大した．しかし1842年，トウモロコシを原料としアルカリ法によってコーンスターチが生産され，コスト面から小麦，馬鈴薯でん粉工場はコーンスターチ工場へと転換，以後コーンスターチがアメリカのでん粉工業の代名詞となった．

しかしながら，アルカリ法はでん粉の回収率が悪く，他の成分はすべて河川に投棄されていた．1875年，亜硫酸浸漬法が完成し，近代的なトウモロコシのウエットミリング法がスタートした．1885年には，廃棄されていたタンパク質を含む繊維成分画分を混合して飼料に，胚芽からコーン油の製造，さらに1893年にトウモロコシの可溶性成分の有効利用，1908年に連続製造技術が相次いで開発され，廃水による汚染の心配のないシステムが1920年代に完成した．その後タンパク質分離機を始めとする個別生産機械の改良，さらに育種改良による1940年のワキシートウモロコシ，1958年の高アミローストウモロコシの出現によりアメリカのコーンスターチ工業は，国内では農産物利用産業として確固たる地位を築き，国外では従来の伝統的なでん粉産業構造の変革をもたらした．

現在，アメリカで生産される原料トウモロコシは約383百万t（2021年）で，2019年度のコーンスターチ生産量は約329万tである（農畜産業振興機構 2022年）。

また，一時低迷していた馬鈴薯でん粉工業は，1941年，ドイツの製造技術を導入してアイダホ州で再開されているが，生産量は約6万t程度（LMC社 2014年）に過ぎない．

4. アジアのでん粉産業

わが国の輸入でん粉のトップを占めるタピオカでん粉は，熱帯，亜熱帯地方で古くより栽培され，現地の重要な食糧とされてきた．その一部は飼料用に，タピオカチップとしてヨーロッパに輸出されていたが，1965〜70年にでん粉としての有用性が認められた．タイでは，ドイツの馬鈴薯でん粉製造技術を導入した合理化工場が建設され，品質的にも安定した世界第1位の輸出国となり，2015年の生産量は449万tに達し，ベトナムでも約122万t生産され，アジア全体では約799万t（2019年，1,361万t）で世界の90%程度を占める（農畜産業振興機構 2017, 2019年）．

マレーシア，インドネシア，パプアニューギニアに繁殖するサゴヤシから採取されるサゴでん粉も，古くから食糧として使用されていた．ボルネオ島サラワク地区でメラノウ族が主食としているのを見た中国人やイギリス人が，輸出産業として工業化したともいわれ，現在の生産量は約40万tと推定される（農畜産業振興機構 2011年）．

中国でのでん粉についての記録は古い．540年，賈思勰（かしきよう）の『斉民要術（せいみんようじゅつ）』に，はるさめの原料となる緑豆（リヨクトウ）でん粉（粉英）の製造法，1636年に宋応星が編述した『天工開物（てんこうかいぶつ）』には繊維の経糸糊付けとしての小麦でん粉の製法や使用方法が述べられている[7]．現在

(2017年）の中国でのでん粉（淀粉；dien fen）の生産量は，南部の広西壮族（こうせいチワンぞく）自治区を中心にタピオカでん粉が約33万t，北部の黒竜江省を中心に，馬鈴薯でん粉が約54万t，山東省を中心にコーンスターチが約2,595万t，甘藷でん粉が約27万t，小麦でん粉が約14万tで，総生産量は2,720万tである．ほかにクズ，ワラビ，レンコン，クワイなどの特殊でん粉も少量生産され，加工でん粉が約1,100万t程度生産されている．加工でん粉はわが国にも約1.7万t輸入されている．他方で，235万t程度のでん粉を，主にベトナム（シェア29.1%）やタイ（同8.0%）から輸入している（農畜産業振興機構 2020年）．

また，オーストラリアでも約9万tの小麦でん粉を主体に約2万tのコーンスターチおよびワキシーコーンスターチも生産され，わが国に輸入され始めている．これらの地区でのでん粉産業は栽培面積の拡大につれ，今後発展するものと思われる．

引用文献

1) 佐原眞, “日本人の誕生”, 小学館 (1989), p. 116.
2) 高橋梯蔵, 澱粉, 1967, 7.
3) 吉町晃一, 日本澱粉学会北海道支部20周年記念誌 (1989), p.66.
4) 寺島良安, “和漢三才図会”, 吉川弘文館 (1906) 縮刷復刻版.
5) R. L. Whistler, H. E. Bode, “Starch ; Chemistry and Technology”, Vol. I. Academic Press (1965), p. 1, p. 11.
6) 鈴木繁男, 日本醤油研究所研究発表会講演集 (1978).
7) 中国特産食品全書, “龍口粉絲”, 経工業出版社 (1980), p. 1.

参考文献（I，II章共通）

1. 本坊慶吉ら, 澱粉科学, **27**, 219 (1980).

II　でん粉の製造法と利用特性

1.　概　　説

でん粉は植物細胞のアミロプラスト内に水に不溶な粒子として存在するので，製造法の基本は植物細胞組織中のでん粉を損傷しないようにでん粉原料を磨砕して，内部に含まれているでん粉粒を水で洗い出すことである．しかしながら，でん粉原料によって細胞組織に強弱があるため，その度合いに応じた前処理が必要になる．高品位のでん粉を製造するためには，原料中に含まれるタンパク質や繊維質などの不純物をよく除去することも重要である．現在国内で市販されている主なでん粉の製造法と利用特性を以下に述べる．

2.　穀類でん粉

2.1　コーンスターチ

1)　原料トウモロコシ

トウモロコシは子実の形状と胚乳の形質によって植物学的には約8種類に分類されるが，コーンスターチ製造用には，同時期に大量収穫でき品質も安定しているアメリカ産黄色デント種（馬歯種）が主に使用される．また，特殊系統種であるワキシー種，高アミロース種（アミロメイズ）も用いられる．

2) 製　造　法

コーンスターチ製造は年間連続操業が行われ，その製造法を図2.1に示す．

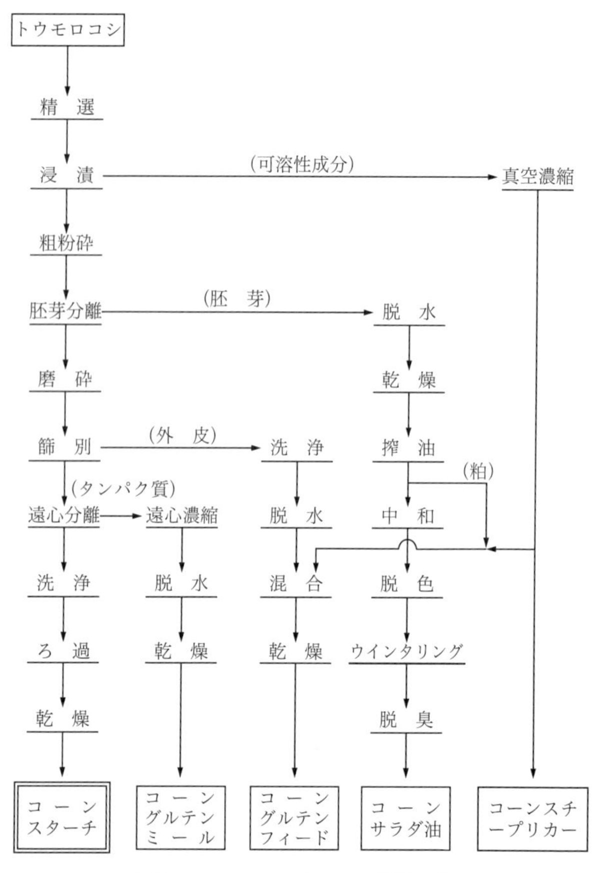

図 2.1　コーンスターチの製造工程

原料トウモロコシにはかなり異物が混入しているので，減圧吸引や篩（ふるい）により精選し，浸漬（しんし）槽に入れる．

浸漬には0.1〜0.2%，約50°Cの亜硫酸水（H_2SO_3）を用い，水分含量13%のトウモロコシを軟らかくして磨砕しやすくし，可溶性成分を溶かし出してでん粉とタンパク質の分離を容易にする．浸漬時間は浸漬槽の形状，液量比，原料の性状によって異なるが大体40〜50時間で，トウモロコシの水分が45%，浸漬液中の可溶性成分が6〜6.5%になる時間を目安としている．亜硫酸水は可溶性成分の溶解に最も優れている．この工程は技術的にはかなり複雑であるが，製品の歩留りや品質に大きく影響するので重要である．浸漬後の液は真空濃縮して水分50%のコーンスチープリカーとして発酵培地や飼料に用いる．

浸漬により膨潤したトウモロコシを胚芽を砕かない程度の間隙のあるアトリションミルで粗粉砕し，胚乳部から胚芽をはずす．胚芽は比重差により流体サイクロンで分離し，脱水，乾燥されてコーン油の原料のコーンジャームとして搾油工程および精油工程を経てコーンサラダ油にする．脱脂胚芽は飼料として利用する．

胚芽除去後，でん粉を磨砕機で強固なタンパク質組織から完全に遊離させて，でん粉，タンパク質，外皮（繊維）が混在した懸濁液とする．次いで多段篩別（しべつ）機で繊維部分を除去する．繊維部分（主成分はアラビノキシラン）は，数回洗浄してでん粉を充分に洗い流した後に脱水し，通常はコーンスチープリカーを散布して乾燥，コーングルテンフィードとなり配合飼料にする．

微量な繊維を除去したスラリーは，でん粉とタンパク質の混合乳液でミルスターチと呼ばれる．でん粉粒はタンパク質粒に比べて粒径，比重が大きいのでノズル型遠心分離機により効率的に分離できる．タンパク質を除去したでん粉乳は，多段式液体サイクロンでわずかに残存している水溶性成分やタンパク質，繊維を除去する．コーンスターチ製造で新しい水が用いられるのはこの工程だけであり，向流式に流してでん粉を充分に精製後，ろ過，乾燥してコーンスターチとする．

一方，分離したタンパク質は非常に低濃度であるため，遠心分離機で濃縮，脱水，乾燥してコーングルテンミールとし，調味料の原料や配合飼料として用いる．

コーンスターチの製造は，原料トウモロコシの1.4～1.8倍量の水を使用するので，コーングリッツやミールなどの乾式粉砕（ドライミリング）に対し湿式粉砕（ウエットミリング）と呼ばれている．ウエットミリングはボトルアップシステムともいわれ，原料トウモロコシ乾物の99%以上が回収可能な無公害工業ともいえる．しかしながら，水中粉砕と分離，最後のすべての分離物の乾燥を行うことから，エネルギー多消費型ともいえるが，他種でん粉製造方法に比べて先進技術と見なされている．

ワキシートウモロコシも同様に処理するが，高アミロース種はタンパク質，脂質，可溶性成分が多いのでやや強い条件で浸漬し，でん粉とタンパク質の分離条件も異なっている．

3)　利用特性

コーンスターチは平均粒径15 μmと，非常に細かく角ばっている．白色度も高く，吸湿性も少なく，灰分もすべてのでん粉中で最も少ないので，その大半は水あめ，ぶどう糖（グルコース），異性化糖など糖化原料として使用される．また，糊化した際の粘度の安定性も良好であるうえ，接着力や糊液の浸透性も高く強いので繊維，製紙，段ボールなどの工業用や加工でん粉原料としても多量に用いられる.

ワキシーコーンスターチはアミロース成分をほとんど含まないので糊化しやすく，透明なゲルは保存安定性に優れているのでスープ，ソース，冷凍食品などの食品用途，また膨化性を利用して米菓などのもち米製品にも広く使用されている.

ハイアミロースコーンスターチは，ワキシーコーンスターチとは反対に 60〜70% のアミロースを含み糊化しにくい．このため 135°C 以上の加圧糊化やアルカリによる糊化が必要となり，現在，段ボール接着用に利用されているが，フィルム特性に優れているので今後の開発がまたれる.

なお，コーンスターチの製造には亜硫酸が使用されているので，食品衛生法で残存 SO_2 として 30 ppm 以下に規制されている.

2.2 小麦でん粉

1) 原料小麦粉

小麦でん粉の製造では，コーンスターチと同様に小麦粒の亜硫酸浸漬法，あるいは発酵による有機酸浸漬法も提唱されてきたが，現在，小麦粉を出発原料としたマルチン法が主体である．これは，小麦でん粉と同時に副生する小麦グルテンが利用できるからである.

マルチン法で使用される小麦粉は，灰分 0.9〜1.3%，タンパク質 13〜16% の準硬質小麦の 3 等粉が主体である.

2) 製造法

小麦粉に水を加え混練してもち状の塊（ドウ）を作り，これを水中で洗浄してでん粉を分離させる方法は，他のでん粉製造法に比べて非常に特異で，その製造法を図2.2に示す．

原料タンクに品質別に貯蔵された小麦粉を単独または混合して，混練機の一端より水と一緒に投入し，捏練（ねつれん）しながら前進させてドウを形成する．加水量は原料により異なるが，小麦粉に対して50〜70%で，グルテンの形成を促進させるためpH調整や食塩を添加することもある．

良好な生地形成ができたドウは，2軸のスクリューコンベヤーのある洗浄機に送る．ドウは洗浄機のゆるい昇り勾配の中で水で洗浄しながら徐々に移動する．数段の洗浄機で付着したでん粉を完全に除去し，グルテンはとりもち状の塊となり脱水して凍結，あるいはタンパク質の変性を抑制して乾燥してバイタルグルテン（活性グルテン）とし，植物タンパク質として小麦粉2次加工品や水畜産ねり製品に使用される．また加熱変性グルテンは調味料の原料となる．

粗でん粉乳は振動篩や高速遠心篩で麬（ふすま）の細片（赤粕）や細胞膜質片（白粕）などの夾雑物を除去する．さらに水溶性の炭水化物やタンパク質を分離するため，通常，ノズル型遠心分離機を組み合わせて洗浄と濃縮を行い，精製でん粉乳を得る．白粕，赤粕は濃縮して飼料とする．

小麦でん粉は単粒で凸レンズ状，粒径分布が2〜40 μmと非常に幅広いが，2〜10 μmの小粒子区分と15〜40 μmの大粒子区分の2群に分かれ，中間区分がない．このため，旧来のバッチ法ではゆるい勾配をもった細長い樋（とい）状のテーブルに流すと，大粒子径でん粉は沈着（プライマリーでん粉）するが，残りの白粕などの夾雑物を含んだ小粒子でん粉はテーブル液（テーリングでん粉）となって流れ

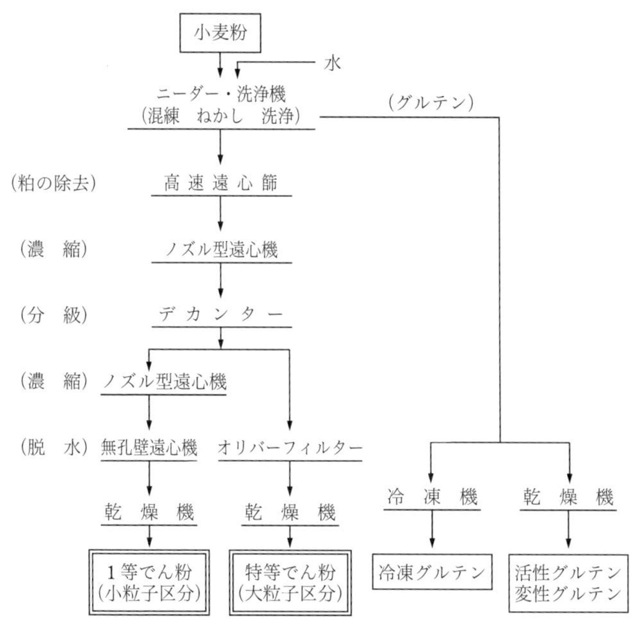

図 2.2 小麦でん粉の製造工程

出る．現在は，両者のでん粉の特性の違いを利用して，現在の連続工程でも精製でん粉乳は分級機（デカンター）で連続的に分級して精製でん粉乳とし，分級した大粒子区分をろ過脱水，乾燥して特等小麦でん粉となる．

夾雑物を含む小粒子でん粉乳は，再びノズル型遠心分離機で精製した後，無孔壁遠心分離機で脱水，乾燥して1等小麦でん粉となる．

このほか，小麦粉に70〜180%の水を加え，ドウよりも流動性の大きいバッターを振動篩によってでん粉とグルテンに分離するバッター法がヨーロッパで行われている．この方法は操作が容易で，工程をコントロールしやすいといわれている．

3) 利用特性

小麦でん粉は原料小麦粉の品質が一定しないこともあって，製造メーカーによってそれぞれの粒度区分や純度に従って，2〜3種の銘柄が設定されている．常識的には大粒子群よりなる特等でん粉は糊化温度が低く，冷却時の粘度が高く，ゲル化能も強いので関西地方の水産ねり製品を始めとして米菓，粘稠（ねんちゅう）剤，菓子などに賞用される．小粒子でん粉を含，みタンパク質含量の高い1等でん粉も食用に使用されるほか，錠剤，散剤などの医薬用，繊維工業でも用いられる．

2.3 米でん粉

1) 原料米

米は主食であるためにでん粉の需要量も少なかったので，企業化が進んでいなかった．近年，原料玄米としてうるち米，砕米，外米を90%程度精白したタンパク質含量7%の精白米粒を用いて国内生産されるようになった．

2) 製造法

米のタンパク質は水に溶けず細胞壁やでん粉粒の外周に分布しているので，水挽（みずひ）きや水洗では除去できない．実験室的には界面活性剤や超音波を利用しているが，工場生産ではコーンスターチのウエットミリングに類似した安価なアルカリ法を用いている．

米粒の軟化とタンパク質の分離のため，原料の2倍量程度の0.2〜0.5%水酸化ナトリウム溶液にときどき撹拌しながら24時間浸漬する．浸漬液を除き，再び新しいアルカリ液を加える．米粒タンパク質の50%が除去され，米粒が手でつぶれるように軟化するのを目安とするが，通常2〜3日を必要とする．

アルカリ浸漬を終えた米粒にアルカリ液を加えながら磨砕し，次いで篩別して米でん粉粕を除いて，先のアルカリ排液と混合し，pH調整した後，脱水して高タンパク粕として飼料とする．

篩別した粗でん粉乳は，分級型やノズル型遠心分離機を組み合わせ，4〜5回水洗して残存する微細なタンパク質を除去する．精製でん粉乳を塩酸で中和した後，水洗，脱水，乾燥して精製米でん粉とする．

タンパク質含量0.3%の精製米でん粉に対し，約6%のタンパク質を含む粗米でん粉に白玉粉（しらたまこ）がある．これは，90%精白したもち米を原料とする．充分に水洗した後，1夜水浸漬する．浸漬水を除去後，1〜2回の加水を行いながら磨砕，篩別により分離し，粗粒は再度磨砕機にかけ，磨砕を繰り返す．このようにして得られたでん粉乳を脱水，乾燥する．白玉粉は寒中，でん粉乳を水晒（みずさら）ししたことから寒晒粉（かんざらしこ）の別名もあるが，イモ類でん粉のように磨砕と水洗によって製造される．

3) 利用特性

米でん粉は多面形の複粒で，粒径は2〜5 μmと市販でん粉中では最も小さい．このために製造は困難で，収量も少ないので高価になる．微小粒子であるので，微細な凹凸にもよく付着し平滑で滑らかなになるので，印画紙，化粧品や食品の手粉，打ち粉，振りかけ粉など滑剤に利用される．

粗米でん粉である白玉粉は，だんご，ぎゅうひ（求肥），大福もちなどの和生菓子に広く使用される.

2.4　モロコシ（ソルガム）でん粉

ソルガム（sorghum, 日本のモロコシ）は種皮が紫，褐色などをしているので，まず乾式粉砕で脱皮した後亜硫酸浸漬を行い，コーンスターチに準じて製造する．得られたでん粉の粒径は15 µmの多角形で，性質や用途はコーンスターチと同様である．もち種ソルガム（ワキシーモロコシ）もあり，ワキシーソルガムスターチは1940年頃からアメリカで製造されていたが，現在ではほとんど販売されていない.

3．豆 類 で ん 粉

でん粉45〜55%を含むフィールドピー（field pea, エンドウ），ホースビーン（horse bean, ソラマメ）を原料とし，プレート式の乾式粉砕機で脱皮する．脱皮した豆を4倍量の希薄アルカリ液（pH 8.5）に浸漬，磨砕，篩別，遠心分離により粗でん粉を得，再度水洗，篩別，遠心分離により精製，乾燥する．でん粉製造時に分離したタンパク質は，大豆タンパク質より優れた特性を有しているといわれ，カナダで生産，販売されている．得られたでん粉は25〜40 µmの楕円形で，32〜35%の高アミロース含量のため，糊化温度はやや高いが冷却により硬いゲルを形成しやすい特性を有し，ソース，フィリングに賞用される.

豆類でん粉の糊化特性を利用した「はるさめ」は緑豆（リョクトウ）（mung bean, green gram）が原料となる．中国の有名な龍口粉絲（ロンコウフェンスー）は，良質の緑豆を水浸漬した後，磨砕する．この磨砕物を，連鎖状乳酸菌を有する自然発酵液（pH 5.9～6.3，50°C）に1夜漬け込んだ後，篩別，沈降，水洗して精製し緑豆でん粉を得る．

豆類でん粉の糊化温度はやや高い（80°C）．特にでん粉含量50%以上，タンパク質含量20%以上の豆は細胞内にでん粉粒を数個含み，100°Cで数時間煮沸してもこの細胞でん粉は糊化はするが，膨潤粒は細胞内にとどまりあん粒子を形成し，あんの原料となる．あんの製造は，アズキ，インゲン，エンドウなどを水に浸漬した後加熱し，細胞膜のタンパク質を凝固させて膜を強固にし，磨砕，篩別，水晒しして製造する．あん粒子中のでん粉粒は平均100～200 μmで，数個が充満した状態にある．

4. イモ類でん粉

4.1 馬鈴薯でん粉

1) 原　　料

国内における馬鈴薯でん粉は北海道で生産されている．北海道では数品種の馬鈴薯が栽培されているが，でん粉原料としては病害抵抗性が大きく多収穫で，でん粉含量の高い品種が望ましい．紅丸，農林1号，エニワが使用されているが，栽培法，気象，土質，熟度などによりでん粉含有率には違いがある．また馬鈴薯は貯蔵時，特に低温下では糖分が増えてでん粉含有量が低下する．このため原料の貯蔵管理が重要となるが，歩留り管理用には馬鈴薯の水中比重を測定するライマン秤ででん粉含有率を推定している．

2) 製　造　法

原料となる馬鈴薯には，収穫時の天候や畑の土性によって異なるが，5〜10% の土砂や軽石が付着している．このため原料置場から緩く傾斜した溝の流水中で馬鈴薯を反転摩擦しながら移動させ，大部分の土砂を除去する．

充分洗浄後，160 枚程度のノコギリ歯のある回転ドラム型の磨砕機（ラスパー）で磨砕する．ラスパーは周速度も速いうえ，底部には篩網（ふるいあみ）があるので磨砕効率も高い．

磨砕乳は遠心篩で粕を分離する．網目の違う 3 段の遠心篩と洗浄水によって付着でん粉を洗い流した粕は，圧縮して生粕，あるいは乾燥して乾燥粕とし，通常は養豚用飼料とする．

篩分け後の粗でん粉乳は，ノズル型遠心分離機によりタンパク質を分離する．通常は 3 台直列に連結し，でん粉乳の濃縮，清水による希釈を繰り返して，微粒子でん粉や微細粕を除いて精製する．

精製でん粉乳は，従来のバッチ式の遠心脱水機の代わりに連続式の回転真空ろ過機により脱水，フラッシュドライヤーにより乾燥して，馬鈴薯でん粉とする．

北海道における馬鈴薯でん粉の製造は，従来はバッチ方式のために精製だけでも二昼夜を要していた．しかしながら現在では，高能率の磨砕機，篩別機，遠心分離機，熱効率の高い乾燥機などの導入や，自動化により所要時間は 4 時間程度に短縮され，微生物汚染の少ない高純度な馬鈴薯でん粉が生産されている．

さらに馬鈴薯の総合利用および廃水処理を考え，馬鈴薯を磨砕した直後に加水せずに汁液を濃厚な状態で取り出し有効利用するという，コーンスターチのウエットミリングに相当するプロセスが開発

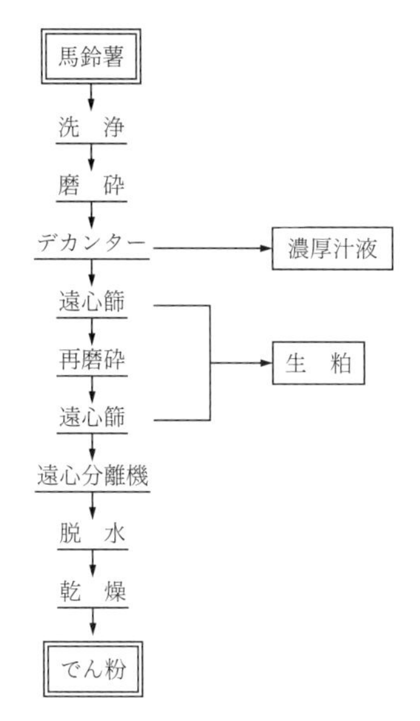

図 2.3　馬鈴薯でん粉の製造工程（大型工場）

され，脱汁方式と呼ばれている．

脱汁は高速で回転する外筒と，わずかの回転差で回転するスクリューよりなるデカンターで行う．機種や運転条件にもよるが，脱汁率は馬鈴薯中の汁液の約70%，馬鈴薯に対しては，その1/2重量の汁液に相当する．脱汁液はタンパク質2%，糖質1%を含んでいるので加熱，濃縮操作でタンパク質を熱凝固させてポテトプロテインとし，調味料や飼料に用いられる．

デカンターで汁液とともに排出される水分55〜60%の脱汁磨砕パルプは，以後，篩別，精製されるが，その概略の製造法を図2.3に示す．脱汁方式の導入は単に有効成分の利用や廃水対策のみならず，でん粉を汚染するタンパク質やポリフェノールなどを速やかに分離できるので，白度の向上，細菌数の低下，工程中での発泡防止などの効果も大きい．

3) 利用特性

馬鈴薯でん粉の粒径は 2〜80 μm，平均的には 30〜40 μm で市販のでん粉中では最大である．加熱した場合の糊化温度は低く，透明で粘着性の大きい糊液になり，コーンスターチとは全く対照的な物性を示す．「かたくり粉」の別名で家庭用に市販されている（用途全体の 24%）．また，関東地方の水産ねり製品，畜肉製品（以上約 5%）や調理食品，製菓用（約 8%），麺類（約 7%）に需要が多く，はるさめやオブラートなどは馬鈴薯でん粉の固有用途ともいわれている．糖化製品に約 20%，加工でん粉用に約 16%，その他に 20% 使われている．

馬鈴薯でん粉は加熱時間が長くなると，粘性が急に低下し安定性に乏しいが，加工でん粉とすることで顕著に改善される．また高温，高湿の状態で長期間保存する場合，他のでん粉と比較して粘度の低下傾向が大きい．

4.2 甘藷でん粉

1) 原　　料

でん粉原料としての甘藷（サツマイモ）は，高でん粉含量で多収穫性，耐病害虫性および晩植適応性などを主眼に検討されてきた．その結果，でん粉原料用奨励品種として農林 1 号，農林 2 号，タマユタカ，コガネセンガン，ミナミユタカが指定されている．でん粉含量の測定には，甘藷は細胞内に多量の空気を含むために馬鈴薯で用いられているライマン秤では予知できず，水分測定法が用いられるが，この方法は簡便で相関係数も高い．原料のでん粉含有量は一般に 15～30% である．

2) 製 造 法

甘藷でん粉の製造工程は，甘藷の洗浄，磨砕，篩別，精製，乾燥と簡単であるが，産地の中心が関東の千葉，九州の鹿児島と離れていたので，それぞれ経験的に改良を加えながら発達した．したがって製造機械も種々のものを使用していたが，現在では馬鈴薯でん粉製造と類似の設備が導入されており，一般的な合理化工場の製造工程は次のようである．

原料置場から流水路を流水とともに移動した甘藷はコンベヤーでイモ洗い機に投入される．洗浄した甘藷を目立てした磨砕ローラーに送る．磨砕はでん粉収率に最も影響の大きい工程であり，馬鈴薯用のラスパーは，組織の相違から磨砕効率が不充分なためほとんど用いられない．

磨砕物からのでん粉粕の除去には，振動平篩を数枚並列させて，粕の洗浄，でん粉の洗い出しを交流方式で行う．また篩別には，0.1 mm スリットのシーブベンドも使用される．でん粉粕は脱水，乾燥する．その成分は，でん粉 55～65%，タンパク質 2～4% であるためクエン酸発酵原料や飼料となる．

篩別でん粉乳は甘藷中のポリフェノールが酸化されメラニン様色素が形成され褐色を呈している．このほか可溶性の糖，タンパク質を含むので，ノズル型遠心分離機と高メッシュ篩を併用して比重の軽い不溶性不純物（土肉（どにく））と水溶性不純物（渋水（しぶみず））を除去する．

精製でん粉乳は脱水，乾燥して甘藷でん粉製品とする．

3) 利 用 特 性

単粒で粒径 2～35 μm，平均 18～20 μm で，その形状はツリガネ形，円形，小多角形があり，品種や成長の時期によって変化する．糊化温度は馬鈴薯でん粉に比べてやや高く 80°C 位で，すべての粒が完全に糊化分散し，液化酵素によって極めて溶けやすいので，糖化原料にそのほとんどが使用される（全体の約 80%）．また食品への利用の大部分がはるさめ，ラムネ菓子である．水産ねり製品や調味料を含めて約 15%，加工でん粉に約 5% 用いられる．熱風乾燥では粉末状となるが，自然乾燥の場合は粒状品（あらめ）で関西特有の「わらびもち」に賞用されている．

4.3 タピオカでん粉

1) 原　　　料

タピオカでん粉の原料は南米原産のキャッサバ（南米ではマニオカ，マンディオカ，ユカ）である．キャッサバの栽培種には苦味種と甘味種があるが，いずれも根茎中，特に皮部にシアン化合物（青酸配糖体）であるリナマリンやロトストラリンが多く含まれている．苦味種は青酸配糖体含量は高いが大きな塊根を作るため，でん粉原料作物として栽培されている．この青酸配糖体は組織を破壊すると，根茎中の酵素により青酸が生成するが，でん粉製造中に鉄イオンと結合しフェロシアン化物となり無毒化される．

でん粉原料としては，強健，多収穫，高でん粉含量の苦味種がタイを中心に東南アジアで栽培されている．キャッサバは 1 株より 18～22 kg 程度収穫され，でん粉含量は一般に 15～30% である．年間操業のタピオカでん粉工場は植え付けをずらすこともあるが，タイでは11月〜1月が普通である．

2) 製 造 法

キャッサバは馬鈴薯に比べてでん粉含量が高く，タンパク質含量は少ないので精製しやすく，その製造法は馬鈴薯でん粉とほとんど同じである．タイなどの大規模工場には，ヨーロッパの馬鈴薯でん粉の製造設備が導入されている．

キャッサバは掘り取り後の品質低下が大きいので，すぐに製造にとりかかる必要がある．根茎基部の木質部は切り捨て，横型攪拌シャフトのある洗浄機に投入するが，洗浄中に80〜90%が剥皮される．

次いでノコギリ歯植込式磨砕機にかけるが，馬鈴薯に比べて細胞膜が厚く，でん粉粒径も小さいので磨砕効率はやや低い．

磨砕物は高速遠心機の2段がけで粕を除去後，一般にはデラバル型の遠心分離器2段がけで水洗，精製を行う．篩別された粕は脱水，乾燥して飼料とする．

精製でん粉乳は遠心脱水し，フラッシュドライヤーで乾燥，タピオカでん粉とする．

3) 利用特性

粒径2〜40 μmの多角形または半球形で，甘藷でん粉に似ている．加熱により吸水膨潤しやすく，その糊液は透明性が高く，放置によってもゲル化しにくいなど，ワキシーコーンスターチに似た性状を示すので，増粘剤など食品用途に使われる．加工でん粉の原料としても重要で，特に焙焼デキストリンは接着力が強い．

タピオカでん粉を湿潤状態で加熱し，半糊化し乾燥した粒状製品がタピオカパールで，形状によりタピオカフレークとも称され，スープ，デザートの浮き実に賞用される．

4.4　希 少 で ん 粉

中国では古くから，レンコンを磨砕，沈降，水洗して精製でん粉を製造し，藕粉（ぐうふん）あるいはチャイニーズアロールートと呼ばれ，中華料理素材として利用されている．長径は 60～65 μm で短径の 2～2.5 倍と細長い．鉄分を含むのでやや赤褐色を呈し，加熱により柔軟性に富むゲルをつくる．

クワイからもレンコンと同様な方法により，粒径 5～14 μm，やや縦長のでん粉が得られる．これらは中国東北部で家内工業的に生産されており，わが国に少量ではあるが輸入され，独特の風味から高級料理，和菓子に利用されている．

5.　食用野草類でん粉

わが国で記録されているものとして最も古いクズでん粉は，現在 6 社が知られ，その生産量から約 500 t 前後が生産されていると推定される．日本各地の山野に自生，11 月～3 月，地下で木質化した太い宿根を採掘，水洗，破砕して粕を篩別，沈降，水晒しを繰り返した後，約 1ヵ月かけて屋内で風乾，緻密な未粉砕状態のでん粉塊として販売され，吉野クズ，筑前クズの名称で和菓子に賞用される．クズでん粉は 5～20 μm の多角形または扁円形で，透明な独特の風味があり安定なゲルを形成する．

ユリ科のカタクリの根茎から分離される 10～20 μm，楕円形のカタクリでん粉は食用として現在製造されておらず，販売されていない．現在市場で流通しているかたくり粉は粒形のよく似た馬鈴薯でん粉である．

山野に自生するワラビの根茎を掘り出し，砕いて分離すると20～40 μm，円形あるいは楕円形のでん粉が得られる．古くより「わらびもち」として，関西では独特の食感が好まれているが，その生産量は非常に少ない．

このほか，実験室的には70種類に及ぶ野生植物からでん粉を分離，その特性の調査も行われており[1]，将来の新たなでん粉源ともなり得る．

6. 幹茎（ヤシ）でん粉

でん粉は一般に植物の子実や根茎に蓄積され，幹に蓄積する例は少なくヤシのみである．多品種のヤシの中でサトウヤシやパルミラヤシにもでん粉の蓄積が見られるが，サゴヤシの含有率に比べれば非常に僅少である．

1) 原　　料

でん粉含有量の高いサゴヤシは，東南アジアの赤道をはさんだ南北約10度の低湿地に自生している．しかし工業的にサゴでん粉が製造されているのは，ボルネオ島サラワク地域が主である．サゴヤシの幹は長さ1 mに輪切りにされ（ログ），筏にして運河を通ってでん粉工場に搬入される．

約120 kgのサゴログは長刀で樹皮を剥ぎ，鉈（なた）で2～4等分に縦割にする．剥皮したサゴログは20～25%のでん粉を含んでいる．

2) 製 造 法

剥皮サゴログは円板状の磨砕機でスラリー状に破砕，磨砕した後，回転篩2段で繊維粕とでん粉とに分離する．粕中に残存しているでん粉はハンマーミルで再磨砕，篩別により回収される．篩別により得られたでん粉乳は細かい繊維細片を含んでいるので，洗浄，分離を連続遠心分離機で繰り返して精製する．次いで脱水，乾燥されてサゴでん粉となる．インドネシアの生産量が最も多く，マレーシア，パプアニューギニアで約40万t生産されていると推定される．

得られたサゴでん粉はやや着色していることが多い．これは工程水に褐色の河水が使用されていることと，サゴヤシ中のフェノール化合物の酵素作用による着色物質の生成によるものと考えられる．しかしながら未利用資源として，近年サゴヤシは注目されるようになり，品質の向上をめざした設備，工程の改善策が進められている．

3) 利用特性

粒径10〜65 μmの楕円形で，馬鈴薯でん粉に次いで大きい．糊化温度や粘性は馬鈴薯でん粉に類似しているが，ゲル化しやすい特性はコーンスターチに似ているので，白度の向上により食品用途に期待できる．現在は加工でん粉や糖化原料として使用されている．またタピオカパールと同じサゴパールも市販されている．

7. ウエットミリングの特徴

現在，世界で生産されるでん粉のほとんどはコーンスターチ，小

表 2.1 各種でん粉の原料，製品の組成と製造法

		品種				
		トウモロコシ	小麦	馬鈴薯	甘藷	タピオカ
原料組成	水分（%）	14.5	10～13	81.1	64.6	70～71
	でん粉（%）	62～65	57～60	16～18	15～30	21～22
	タンパク質（%）	8.6	10.1～13.0	1.8	0.9	1.1
	脂質（%）	5.0	3.0～3.3	0.10	0.5	0.4
	食物繊維（%）	9.0	11.2～14.0	9.8	2.8	1.1
	灰分（%）	1.3	1.4～1.6	1.0	0.9	0.5
製造法		浸漬* ↓ 粉砕 ↓ 分離	乾式粉砕 ↓ 混錬 ↓ 分離	水洗 ↓ 磨砕 ↓ 分離	水洗 ↓ 磨砕 ↓ 分離	水洗 ↓ 磨砕 ↓ 分離
製品組成	水分（%）	12.8	13.1	18.0	17.5	14.2
	タンパク質（%）	0.1	0.2	0.1	0.1	0.1
	脂質（%）	0.7	0.5	0.1	0.2	0.2
	灰分（%）	0.1	0.2	0.2	0.2	0.2
	リン（P）（mg/100 g）	13	33	40	8	6

* 亜硫酸水　　（「日本食品標準成分表」（2020）による）

麦でん粉，馬鈴薯でん粉，甘藷でん粉，タピオカでん粉で，ウエットミリングで製造している．これらの原料となる植物資源の平均組成，これから得られるでん粉の平均組成を表 2.1 に示す．水分含量の高いイモ類は，直接磨砕によってでん粉を容易に分離できる．しかし，穀類は組織が固くでん粉とタンパク質の結合が強いため前処理が必要で，分離でん粉のタンパク質，脂質，灰分含量がイモ類に比べてやや多い．

これらのでん粉と同じ原料からドライミリングで製造されるイモ

粉，小麦粉，トウモロコシ粉は，特有の成分，色調，風味，さらには酵素をも含み民族固有の食品，特にエネルギー源である主食食品となっている．これに対し，でん粉は単一で高純度の無味な組成物であるが，原料の種類により特徴ある物性を示すので，加工や調理の要求特性に応じて種々工夫されて使用され，価値の向上に役立てられている．

引用文献

1) 藤本滋生, 応用糖質科学, **41**, 71 (1994).

III　でん粉の科学

1.　でん粉の構造

1.1　でん粉の生成

でん粉は主に高等植物の貯蔵多糖類として広くに存在するが，微生物や原生動物，水中の藻類にも見ることができる．植物では葉や茎の緑色の部分にある葉緑体を含む細胞中で，大気中に含まれる約0.03%のわずかな炭酸ガスと根から吸収した水を原料とし，太陽光の可視部の光を利用して光合成によりでん粉を合成する（同化でん粉）．夜になり光合成がやむと，同化でん粉は葉緑体の酵素で分解されてショ糖になり，各組織に送られてエネルギー源や植物体の維持，成長に使われる．種子や根茎などでは再びでん粉に合成され，非常時や次代の生命の芽生えの備えになる．この非緑色部分に蓄積するでん粉は貯蔵でん粉と呼んでいる．両者のでん粉の性質には本質的な相違はないとされているが，われわれが日常利用するのは寿命の長い貯蔵でん粉である．蓄積される部位により穀類は地上でん粉，イモ類は地下でん粉と呼ばれ，起源が異なるとでん粉はそれぞれ特徴ある性質を示す．

植物の種類によって光合成段階に微妙な相違が見られ，C3 植物（イネ），C4 植物（トウモロコシ）とに分類される．両者の植物のでん粉の光合成速度は異なり（トウモロコシの方が大），農業生産上は大きな問題でもあるが，両者の炭素安定同位体比の相違からもち米原料の食品の中に含まれるワキシーコーンスターチの検出が可能になっている．

でん粉は，高等植物の貯蔵器官の細胞内小器官である，アミロプラストのストロマで生合成される．でん粉，特にその主要な構成分子種で，特徴的な結晶性高分子であるアミロペクチン（後述 1.2 (2)）の生合成について，イネを対象として多くのでん粉合成酵素の単離精製と機能の解明が行われ，その各酵素の活性を失った変異体や遺伝子発現を制御して組み換え体を作出し，その結果の解析を通じて進められてきた研究[1]を参考にして以下に簡単にまとめる．

貯蔵器官に移動したショ糖はグルコース - 6 - リン酸，グルコース - 1 - リン酸に変換されてアミロプラストに取り込まれ，ADP- グルコースピロホスホリラーゼ（AGPase；6 種類知られている）によって ADP- グルコースとなり，でん粉合成の基質となる．でん粉合成に関わる酵素はいろいろ知られているが，そのうちスターチシンターゼ（starch synthase, SS；10 種類）はストロマ内の低分子プライマーに ADP- グルコースからグルコースを付加して直鎖状に伸長した糖鎖を作る．このとき SSI および SSIIa は，アミロペクチンのクラスター（結晶性の房状構造体，後述 1.2 (2)）内部のそれぞれ極短鎖（DP 6～7）および短鎖（DP ≤ 10）に作用して，それぞれ短鎖（DP 8～12）と中間鎖（DP ≤ 24）に伸長する．SSIIIa は長鎖を合成する．この伸長反応とあいまって枝作り酵素（starch branching enzyme, BE；3 種類）が作用して分岐ができる．枝作り酵素のうち BEI は，主として非晶部分（クラスター基部）の分岐反応を担って約 DP 10～12 の鎖を，BEIIb はクラスター領域部の鎖に作用して DP 6〜約 10 の分岐鎖を作る．分岐が局在していない離れた部分に生成した分岐鎖は，枝切り酵素（starch debranching enzyme, DBE；4 種類）によって切除される．このように，これらの酵素群の重層的相互作用でクラスターが順次合成されて巨大分子であるアミロペクチンが生合成される．インディカ米のアミロペクチンにはジャポニカ米にない長い側鎖（超長鎖）があることが明らかとなり，この超長鎖はでん粉のもう 1 つの構成分子種であるアミロース（後述 1.2 (1)）の合成を主として担うとされる顆粒結合型でん粉合成酵素（granule bound starch synthase I, GBSSI）によって生成されることが明らかにされている[2]．でん粉粒は，その植物の種，生成する場所に特徴的なものであり，植物によって大きさや形が非常に異なっている．一般に，温度が高く水分の少ない環境で育った地上でん粉は，長径と短径の差の少ない角ばった多角形（小麦でん粉は例外），逆の条件でできる地下でん粉は丸味をおび，大粒子ほど長径と短径の差の大きい楕円形のものが多い．また，植物によってでん粉粒は独立して生成しているものや，数個くっつき合って生成したものがある．たとえば，トウモロコシ，麦類，馬鈴薯は，前者で球状やレンズ状の 1 つのでん粉粒を形成し（単粒型），稲は後者で多くのでん粉粒を隙間なく形成する（複粒型）．複粒型ではアミロプラスト内に隔壁様構造（septum-like structure, SLS）が形成されてストロマが仕切られ，その個々のストロマででん粉が生合成されると考えられている[3]．

でん粉の粒径は大粒子から小粒まで正規分布しているのが普通である．しかし小麦や大麦でん粉は特異的で，大粒子と小粒子群よりなる．植物の種類や成長過程にでん粉粒の生合成を規制する遺伝情報や，でん粉合成の場であるアミロプラストの内部構造を制御する遺伝情報が存在しているのかもしれない．でん粉粒の形態は植物起源により特徴があり，光学顕微鏡観察でその形や大きさから起

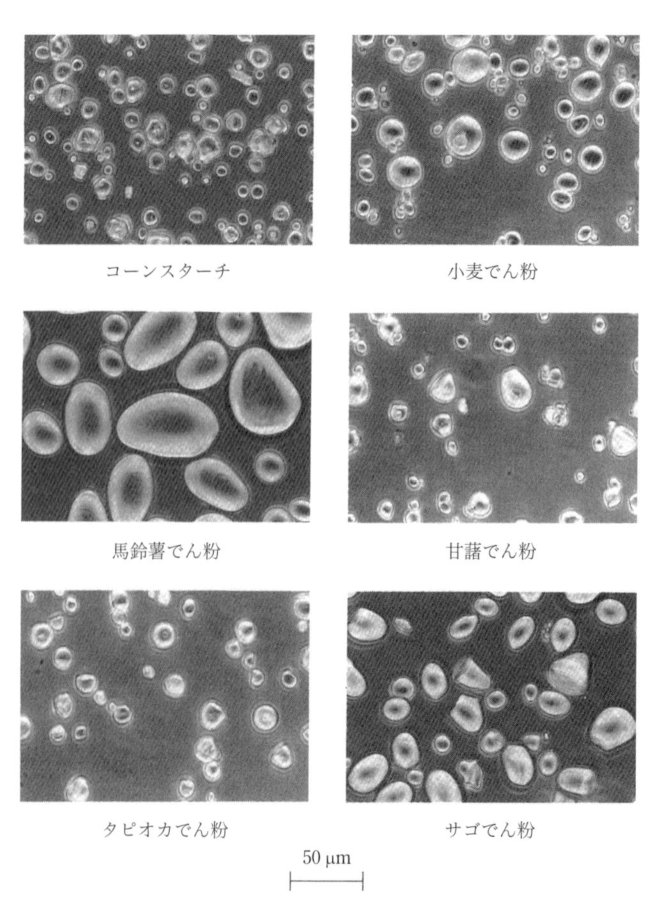

図 3.1　市販でん粉の倒立顕微鏡写真（札場，1995）

源植物を推定することは容易である．国内産の50種類のでん粉粒の顕微鏡観察結果[4]によれば，最大のでん粉粒はレンコンの93 μm（オーストラリア産カンナは100 μmといわれる）で，最小のでん粉粒はサトイモの0.4 μmである．代表的でん粉の顕微鏡写真を図3.1に示す．

1.2 でん粉の構成成分

1) アミロース

1811年，ロシアのキルヒホッフ（G. S. C. Kirchhoff）がでん粉を加水分解して生成する物質がグルコースであることを発見して以来，でん粉は多数のグルコースが重合した単一の高分子物質と考えられていた．しかし，1940年，マイヤー（K. H. Meyer）はコーンスターチを温水抽出した際，抽出液中の多糖類がα-1, 4グルコシド結合による直鎖分子であることを認め，これをアミロース，残りのα-1, 4グルコシド結合以外にα-1, 6グルコシド結合を含む分岐分子をアミロペクチンと定義した．

1942年，ショック（T. J. Schoch）はブタノール結晶法で結晶状の沈澱物をA区分，沈澱しない部分をB区分としたが，その特性はマイヤーのアミロース，アミロペクチンにほぼ一致していた．これにより，混乱していたでん粉の構成成分が明確になり，以後のでん粉の構造や物性の解明の研究に大きく寄与した．

アミロースのブタノール沈澱物の微細構造の解析から，直鎖成分は可撓性（かとうせい）がありブタノールを取り込んでコイル状格子の複合体を形成し，針状結晶あるいは球晶として分離できることがわかった．アミロースは水溶液中でグルコース6〜7個単位でヘリックス（ラセン）構造がとれるので，このヘリックス中に脂肪酸，モノグリセライドも取り込まれて（包接）複合体を形成する．またヨウ素呈色反応もでん粉鎖のヘリックスと複合体を形成し，直鎖分子のグルコース残基数により，青→紫→赤→橙色と変化する（表3.1）．

でん粉中のアミロース含量は通常，アミロースのヨウ素結合量から測定される．通常のでん粉では18〜25%であるが，米でん粉では品種間で大きな相違が見られ，日本型は18〜23%，インド型は20〜33%といわれ，飯米としておいしいのはアミロース含量が17〜19%とされてきた．しかし，インディカ米のアミロペクチンに超長鎖が発見され，それがヨウ素呈色を示す[5)]ことから，これまで測定された値は見かけのアミロース含量であることがわかった．真のアミロース含量は個々のでん粉からアミロペクチンを単離し，そのヨウ

表3.1　でん粉のヨウ素呈色（T. J. Schoch, 1967）

直鎖の長さとヨウ素呈色の関係		
鎖　　長 （グルコース残基）	ラセンの数	色
12	2	無　色
12〜15	2	橙　色
20〜30	3〜5	赤
35〜40	6〜7	紫
45	9	青

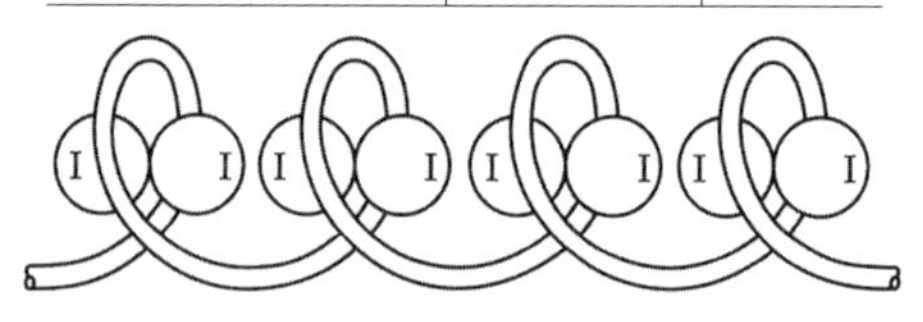

直鎖成分とヨウ素でできたラセン構造の模式図

素結合量を差し引いて評価する必要がある．その結果，日本型とインド型の真のアミロース含量はほぼ同一であることが明らかになった[5]．このことは，見かけのアミロース含量で判断すると誤る危険があること，そのため，改めて真のアミロース含量で検討し直すことが大事であることを示している．米やトウモロコシのもち種でん粉はアミロースをほとんど含まず，アミロペクチンのみからなるのでヨウ素反応は青色を示さず，紫色を呈する．これとは反対に，アミロース含量の高いでん粉としてはエンドウや高アミローストウモロコシがある．

地上でん粉である穀類のアミロースの平均重合度は約 1,000 で，その分布は 300〜15,000 であり低分子側に広がっている．これに対し，イモ類でん粉の平均重合度は約 4,000（タピオカは 3,000）でやや大きく，その分布範囲は約 1,000〜20,000 である（後出の表 3.2 参照）．

アミロースは従来から β-アミラーゼで完全分解できないことが知られていたが，新たな分析法の開発によりアミロース分子に短い分岐があることが判明した．分岐はアミロペクチンの枝作り酵素によって生成すると考えられている．でん粉の種類によって異なるが，アミロース中の 27〜70% が分岐をもち，小麦では少なく甘藷で多い．分岐アミロースの主鎖は直鎖アミロースと同様の長さであるが側鎖の平均結合数は 5〜17，分岐した側鎖の重合度は 3〜20 と短いものが大部分を占めており，大きい分子ほど分岐分子が多く，側鎖が多いほど老化しにくい[2]．

2) アミロペクチン

アミロペクチンの分岐構造について，早くからハワース（W.

N. Haworth）の層状構造（1937），シュタウディンガー（H. Staudinger）の櫛状構造（1937）が示されている．しかしアミロース，アミロペクチンを定義付けたマイヤーは，もっと複雑な樹状構造がでん粉の種々の特性の説明に最も合うことを提唱（1944）した（図 3.2(1)）．C 鎖は還元性末端をもつ鎖，B 鎖は 1 本以上の枝をもつ鎖，A 鎖は枝をもたない鎖であり，現在までこの類別に変わりはない．二國は，長い間のでん粉の基礎研究の結果から，でん粉は超巨大分子であり，分岐鎖が規則的に配向して房状のクラスター構造

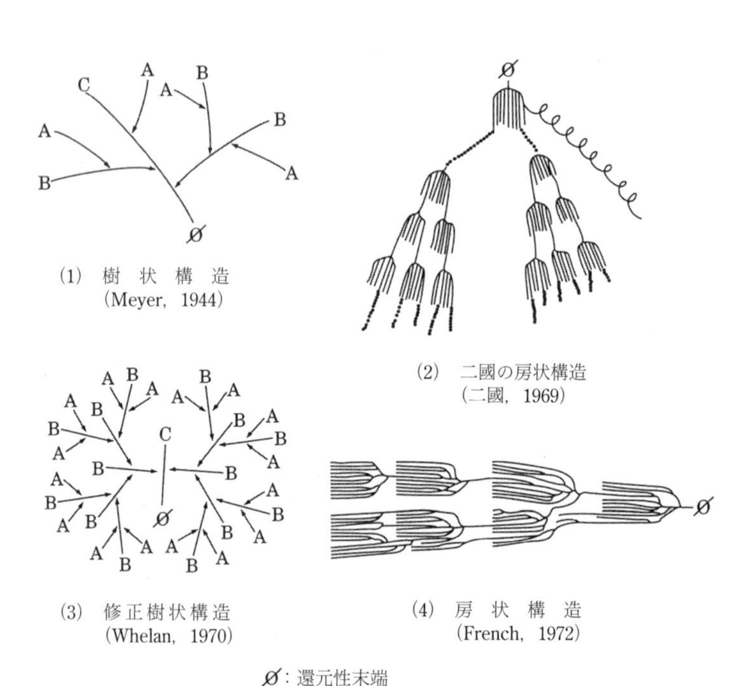

(1)　樹状構造
(Meyer, 1944)

(2)　二國の房状構造
(二國, 1969)

(3)　修正樹状構造
(Whelan, 1970)

(4)　房状構造
(French, 1972)

Ø：還元性末端

図 3.2　アミロペクチンの構造モデル

をもつが，分岐部分の分子鎖は非常に分解されやすいこと等からモデルを提唱した（図 3.2(2)，1969 年）．

マイヤーの樹状構造は，その後の実験事実に合わず立体的な配置を考慮する場合に無理があるとして，ホエラン（W. J. Whelan）は，図 3.2(3) のような修正モデルを発表した（1970 年）．このモデルによれば C 鎖は特別に長い必要はなく，このモデルの繰り返しを行って巨大分子を想定しても空間配置が可能となる．

この構造は，温度や湿度の変化により，でん粉粒内で密度の高い部分と低い部分を交互に繰り返し，あたかも樹木の年輪のように成長していく状態をうかがわせる．しかし，このモデルは，アミロペクチンの巨大分子化に対応できるものの生でん粉の低い酵素消化性や酸分解抵抗性，結晶性をもたらしうる規則的分子配列構造の点では限界がある．これらを考慮してフレンチ（D. French）は，図 3.2(4) に示す房状構造（クラスターモデル）を提唱した（1972 年）．これら 2 つの房状モデルは独立に出されているが，二國は「フレンチのアミロペクチン模型図は，偶然私のでん粉粒模型図の一部によく似ているが，彼は従来の中形分子説をとっている」と，その相違を強調している[6]．いずれにしても，クラスターモデルは，アミロペクチン分子がその分岐鎖がダブルヘリックス（2 重らせん構造）を含む規則的高次構造を作り，それが整然と配向して高密度の結晶性領域を形成する．しかし，分岐部分とその近傍は規則的配向ができず，密度の低い非晶領域となる．このようにクラスターは，結晶領域と非結晶領域を併せもった構造になっている．1 つのクラスターを構成する分岐鎖の数は植物により異なり（約 3〜12 本），一般に穀類では多く根茎類は少ない[2]．

アミロペクチン分子は，数平均重合度が1～10万に及び，分岐点を多数有する巨大分子（3種の分子量が異なる分子種があり，大きな分子が主成分）で，その直鎖部分の平均的な重合度は18～24，分岐間の重合度は5～8程度と推定される．ヨウ素呈色は赤紫色で，ヨウ素親和力もアミロースに比べてはるかに小さい．それは，多数の枝分かれが立体障害となり連続した長いヘリックス構造をとれないからである．事実，アミロペクチンに枝切り酵素を作用させて得られる直鎖のアミロース様分子（単位鎖）のヨウ素反応は青藍色である．アミロペクチンの側鎖にはアミロースのような長い鎖（超長鎖；平均重合度，300～600）があることがインディカ米で初めてわかり，その後トウモロコシ，小麦，大麦，甘藷でも認められた．しかしながら馬鈴薯では認められていない[2]．この超長鎖はアミロース鎖の伸長を担う顆粒結合型でん粉合成酵素により作られると考えられている．見かけのアミロース含量の異なる数種のインディカ米の真のアミロース含量はほぼ同一であるが，超長鎖含量が異なり，超長鎖含量とその米飯の硬さとの間には非常に相関性の高い正の直線関係が認められ，超長鎖含量のわずかな増大が米飯の付着性の急激な低下をもたらす関係があることも知られている[2]．

3)　微量成分

でん粉には，でん粉の構成成分であるグルコースとは別にタンパク質，脂質，リン等の微量成分が検出される．イモ類でん粉で0.1%以下，穀類でん粉では0.3～0.4%のタンパク質があり，これはでん粉の精製度の目安となる．

無機成分は穀類でん粉に比べてイモ類でん粉に多く，その主体はリン酸である．馬鈴薯でん粉の場合，グルコース300残基当たり1

つのリンが，アミロペクチンとエステル結合（その約75%がグルコース残基の6位の水酸基に結合）している[7]．また，リン酸の含有量は馬鈴薯の品種によっても異なるが，リン酸含量換算で400～1,300 ppm程度含まれている．アミロペクチンにリン酸が導入される酵素的機構は不明である．リン酸含量が高いほど糊液粘度が高く，即席麺に良好な食感を与える．カリウムやカルシウムなどの無機成分はリン酸と結合して存在するものが大部分で，製造時の用水の水質が大きくかかわり，でん粉糊液の性質に大きな影響を及ぼす．結合リン酸部位でアミラーゼの作用が阻害されるので，高リンでん粉の糖化液から，抗う蝕性や再石灰化などの新しい機能をもつリン酸化オリゴ糖が得られ，糖化する際に枝切り酵素を使用しないと，より嵩(かさ)高い分岐リン酸化オリゴ糖が得られる．これに対し穀類でん粉，たとえば小麦でん粉の場合には，リンのほとんどは脂質の一種であるリン脂質として存在している．

でん粉の脂質はヘリックス構造内に包接されているので，一般の有機溶媒では抽出されず，酸加水分解により粒構造を崩壊しなければ遊離しないので，内部油脂（fat by hydrolysis）と呼ばれる．穀類でん粉では脂質のほとんどが内部油脂で，含有量は0.5～0.6%である．脂肪酸分布はパルミチン酸，オレイン酸，リノール酸が多く見出される．イモ類でん粉では0.1%以下で，この相違は糊液の透明性などに影響する．

1.3　でん粉の粒構造

でん粉粒は，薄い袋の膜の中に粘稠(ねんちゅう)物質とともに入っていると以前考えられていることがあった．しかしでん粉を包む袋はなく，でん粉粒を構成する2成分が明らかになり，これがアミロプラストのストロマ内で生合成されて規則的に凝集し，結晶部分と非結晶部分を繰り返して粒構造を形成することが明らかになった．でん粉粒は偏光顕微鏡で複屈折性を示し，典型的な偏光十字が観察されるが，糊化に伴い消失する．この複屈折性は高分子物質が凝集して球晶となる際に見られるもので，分子，特にでん粉の主成分であるアミロペクチン分子が偏光十字の交点（ハイラム，へそ）を中心として放射線状の方向に，秩序だった配列をとっていることを示している．

アミロペクチンのクラスターはその分岐鎖がダブルヘリックス構造をとり，水分子をはさんで，あるいは，分岐鎖同士が直接水素結合により整然と配向して結晶構造を作ると考えられている．この結晶性をもつアミロペクチン分子は，近傍の他のアミロペクチン分子とクラスター同士で互いに自己会合し，規則的に配向して次のようにでん粉粒を形成していると提案されている．でん粉粒の内部には，アミロペクチン分子が自己会合し，大小2種類の，大きさの異なる楕円体のような形状のブロクレットと呼ばれる規則的凝集構造体（50～500 nm および 20～50 nm；大きさは植物種により異なる）が作られ，その大小の規則的凝集構造体がそれぞれ2層ずつ層状に積み上がって成長リング（でん粉粒に見られる年輪のような同心円の層状構造）を形成してでん粉粒を作るとされる（図3.3）[8]．電子顕微鏡や原子間力顕微鏡によりブロクレットが可視化できたとして，これを支持する報告も多くなされているが，ブロクレットが単離されてその化学的，物理的解析が進み，どのような仕組みでアミロペクチン分子が凝集して特定の大きさの特異な立体的形状物に組織化され，それがさらに規則的に積層構造をとってでん粉粒となるかが解明されることが待たれる．このようにして作られたでん粉粒は，その粒径や形状，粒形成性（単粒型，複粒型）が植物起源によって異なっている（前述1.1）．でん粉粒の大きさはでん粉の合成の場であるストロマの空間的広がりに制約され，その形状は，単粒型においては合成の場の鋳型としてのストロマの形状，そして，複粒型においてはSLS（隔壁様構造）によるストロマの仕切りの程度と，仕切られたストロマの形状に依存するであろうから，これらが植物種に固有の複粒型粒形成や粒径と粒形状のでん粉が生成する理由かもしれない．アミロペクチン分子が規則的に配向して凝集するそのパッキングの状態の違いは，次に述べるX線回折の違いをもたらし，でん粉の水分収着性などの違いになると考えられる．

でん粉はX線粉末法で結晶様の回折図形が得られることは，古くから知られていた．でん粉のX線回折像にはコーンスターチに見られるA形と，馬鈴薯でん粉のB形とに大別される．このこと

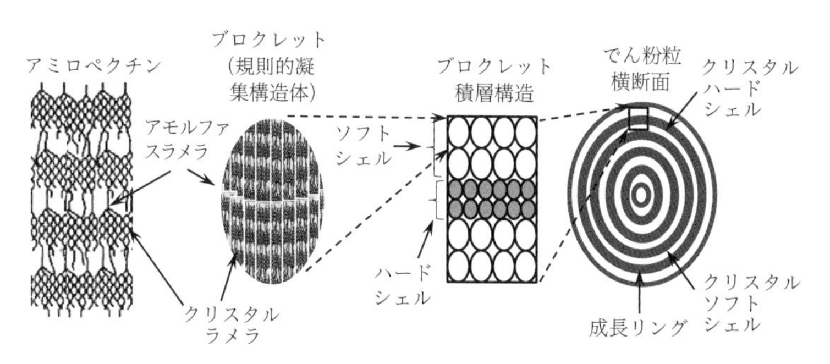

図3.3 アミロペクチンのクラスターモデルとブロクレットモデルによるでん粉粒の内部構造概念図（D. J. Gallant *et al.*[8] から作成）

は，でん粉粒中のアミロペクチン分子の秩序だった充填性（パッキング構造）が植物種によって違いがあり，大別して2種類のパッキング構造があることを示している．A形はでん粉が細密充填した結晶形で，B形は空隙を作って充填した結晶形をもつ．B形の馬鈴薯でん粉はA形のコーンスターチなどの水分収着性より高い（後述2.1）ことは，馬鈴薯でん粉の水の結合サイトはコーンスターチより多いことを示している．馬鈴薯でん粉はコーンスターチより粒径が大きく単位重量当たりの表面積は小さいので，収着量の違いはでん粉粒内のでん粉分子の充填密度の違いによるといえる．不凍水量の違い（後述2.1）からも同様のことがいえる．したがって，馬鈴薯でん粉の方がでん粉粒内のパッキング構造が緻密ではなく空隙が多いといえ，X線回折による結晶形の違いの結果とよく一致する．A形のでん粉はB形のでん粉に比べてでん粉粒内の充填密度が高いために，でん粉鎖の凝集力が大きく，加熱したときに膨潤しにくい．その他のでん粉のX線回析像の中にはA形とB形のほか，両者の中間にあるものがありC形と呼ばれる．馬鈴薯とコーンスターチの混合物のX線回析像と$2\theta = 4°$の回析強度を一定にして重ねてみると，図3.4のようなC形のクズでん粉のX線回析像に一致し，AとBの2種のパッキング構造からなると考えられる．一般に穀類でん粉はA，根茎や球根類はB，根や豆類はC形に属するものが多い．

でん粉生成時の生育環境条件がX線図形に大きな影響を与えることは，たとえば大豆発芽時のでん粉粒などで知られているが，種固有因子の影響が大きい馬鈴薯や米のでん粉では地温や気温による変化はなく，本来の結晶図形を示す．馬鈴薯でん粉の場合，水分

10% 以下に乾燥するとX線回析像の乱れは大きくなる．また，水分20% の馬鈴薯でん粉を密封し 120°C で加熱すると，粒の形態にはあまり変化が見られないが，結晶形は穀物型のA形となる．このように，B形からA形への変化は人為的に可能であるが，逆のA形からB形への変化は見られない．B形でん粉は若干水分が存在する中で熱処理（湿熱処理）されると分子運動によってパッキング構造がずれて細密充填構造の安定な結晶形であるA形に変換しうるが，その逆はA形の結晶構造の方がB形より安定であるために起こらないのであろう．

X線回析法で評価したでん粉粒の結晶化度は馬鈴薯は25%，小麦，米でん粉は約40%，コーンスターチ，ワキシーコーンスターチ

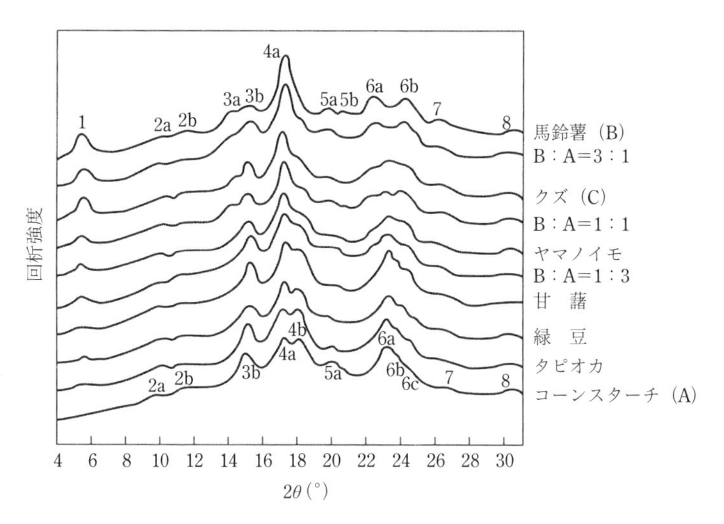

図 3.4　天然でん粉のX線回析図（檜作・二國，1957）
2θ=4°における回析強度を一定にして，コーンスターチ（A形）から馬鈴薯でん粉（B形）まで重ねたもの．

も 40% であるが，ハイアミロースコーンスターチは 20% と非常に低い．でん粉から分離したアミロースは非常に結晶化しやすいが，でん粉粒の場合にはアミロペクチンの直鎖成分が結晶し，アミロースはその間に存在しているものと推定される．でん粉粒内でのアミロースの，アミロペクチン分子との相互作用や配列の状況などはまだ不明確な点が多い．

通常のX線回析（X線広角散乱）と異なり，散乱角（回折角，2θ）が 10°未満の測定は，X線小角散乱（small angle X-ray scattering, SAXS）とよばれる．X線広角散乱は，結晶性物質の原子配列のようなオングストロームオーダーの解析に適しているが，溶液やゲルのコロイドレベルの規則構造性，微粒子や液晶，合金の内部構造といった数ナノメートルレベルの規則構造の評価には使用できない，その場合にはX線小角散乱が用いられる．つまり，X線小角散乱は通常のX線回析より，より長周期の規則的繰返し構造の解析に有利である．しかしながらX線小角散乱では，入射光と近い位置の散乱光の測定を行うために高度に精密な光学系を必要とし，でん粉や水溶液，ゲルの試料では散乱が微弱になるために強力なX線源が必要になる．そのため，SPring-8 および放射光科学研究施設（フォトンファクトリー）のような大型施設の放射光が利用される．それによってたとえば，でん粉粒内部の規則的微細凝集構造，でん粉糊液の冷却に伴ってゲルが形成される過程でのゲル内部の微細構造の生成とその経時変化，および，前処理せずに胚乳切片中のでん粉の結晶性の分布状態等を調べること等に有効に適用できるので，今後さらに活用が進むと期待される．

2. 粉 末 特 性

2.1 水分収着性

でん粉粒内にはアミロペクチンの結晶性凝集体が秩序だって充填されているので，そのパッキング状態の違いによって少なからず空隙が生まれる．その結果，この空隙に蒸気や溶媒，各種の溶質が侵入しうる．気体や液体分子が物質の表面のみに結合する現象は吸着（adsorption）といい，物質内部に浸透する現象は吸収（absorption）として区別される。吸着と吸収が同時に起こる場合は収着（sorption）という．金属では吸収は起こらず表面で吸着のみが起こるが，でん粉や食品では収着が普通である．

でん粉の水蒸気の収着曲線は，いずれも逆S字曲線（シグモイド曲線）で，収着，脱着の間にはヒステリシスがあり，後者の値の方が大きい（図3.5）．でん粉の大気中での平衡水分は12～17%で，X線回析像のB形の馬鈴薯でん粉の方が，A形のコーンスターチなどより大きい．収着水のうち，でん粉鎖と相互作用が強い不凍水量を熱分析によって評価すると，B形の馬鈴薯でん粉では約40%，A形のコーンスターチでは約31%，C形のクズでん粉では約36%と違いがあり，B形でん粉はA形でん粉よりでん粉粒内の水の結合サイトが多いことを示している．この差異はでん粉が細密充填されているか，それとも空隙がある充填状態であるか，それともその双方を併せもつかという特徴とよく対応している．ちなみに，穀類でん粉の商取引時の水分規格は13%以下，馬鈴薯でん粉は18%以下となっている．吸水により粒径も増大し，相対湿度100%（25°C）にコーンスターチ，タピオカでん粉，馬鈴薯でん粉をおくと，それぞ

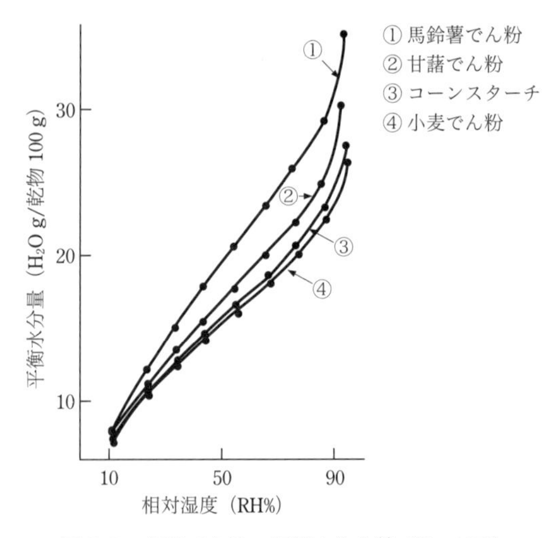

図 3.5　各種でん粉の平衡水分曲線（堤，1970）

れ 40%，43%，51% の水分を収着し，粒径も 9%，13%，27% と増大することが認められる[9]．

水分 2〜3% まで乾燥したでん粉粉末は平衡水分まで吸湿能があるので，潮解性の強い食品の乾燥に使え，水溶液の蒸気や揮発性物質も収着しやすい．

乾燥無水でん粉の比重は 1.5〜1.6 で，種類よりも測定による変動の方が大きい．これは，使用する溶媒によりでん粉粒内への侵入度が異なるためで，水置換法の値が最も大きい．また水蒸気吸着法によるでん粉の表面積も種類の差は小さく 280〜300 m^2/g で，顕微鏡測定の値よりも 400〜3,000 倍も大きく[10]，でん粉の多孔質的特性を示している．

2.2 付 着 性

でん粉粒は天然に産出される物質のなかでは最も小さく，種類にもよるが1g中に億から兆単位の粒子を含み，そのうえ滑らかな表面を有している．したがって，紙や人の皮膚によく付着し平滑面に変える効果があり，粒径の小さいほどその被覆効果は大きい．すなわち，粗面で乱反射している表面には，馬鈴薯でん粉より微小粒である米でん粉の方が微細な凹凸をもよく埋め，平滑面に変える．

食品の状態にもよるが，米でん粉の被覆力は大きく，また舌触りにも優れた場合が多く，食品の表面コーティングにでん粉の粉体特性が巧みに利用されている．

これとは別に，でん粉粒に他のものがよく付着する性質，つまり，でん粉粒の優れた吸着性も知られている．たとえば，調理のときにむいたエビなどの汚れを取るためにかたくり粉を加えてよく混ぜ，水洗いしてエビをきれいにしたり，精白後の米にタピオカパールと若干の水を加えて加圧攪拌すると，米の糠を吸着して無洗米にしたりするのは，でん粉粒を吸着材としての利用に他ならない．

2.3 流 動 性

でん粉粉体はでん粉粒子の無数の集合体であり，液体や固体とは異なった挙動を示すので，食品工業では貯留や包装の際に見掛け比容積，他の粉末との混合の難易度の点から流動性が重視される．

見掛け比容積は粉体が単位重量当たりに占める容積（見掛け密度はこの逆数）で，充填の状態や水分により異なるが，コーンスターチに比べ馬鈴薯でん粉の方がやや大きい．

流動性の指標には粉体の堆積状態からの安息角，空中落下させた時の分散度，篩通過能などがあるが，馬鈴薯でん粉に比べてコーンスターチの流動性は優れている．流動性は，乾燥による低水分化や酸化処理，炭酸カルシウムやベントナイトの少量添加によっても向上する．

この流動性に関連して，でん粉粉体を握った時の感触が硬く，指の間から流れ落ちないでん粉が“ナキ”がよいとされ，良品と判断されてきたが，糊液の粘稠性とは全く関係がない．

2.4　粉塵爆発性

流動性に富むことは使用時に粉塵を発生しやすくなり，作業環境を悪化させるとともに，粉塵爆発を誘発する原因にもなる．各種でん粉を空気中に浮遊させ，これに電気スパークで着火源を与え着火性，爆発圧力などを測定してみると，でん粉の種類による違いはなく，いずれも粉末濃度 8～4,000 mg/L の範囲内では微粉石灰とあまり変わらない値を示し，でん粉粉末は爆発しやすく，その強度も大きいといえる．

2.5　加熱分解性

でん粉の水分定量は通常 105°C で 4 時間の乾燥で行うが，温度が上がり 120°C になると粒表面に変化が現れ結晶性が消失する．著しい変化が起こるのは約 190°C からで，粒表面のひび割れや内部の気体の噴出が見られ，230°C から粒子の融解が始まる．この変化を顕微鏡観察するときスライドガラス上の検体に純水を加えると，膨潤したり溶解したりしてありのままの観察ができない．このようなときには流動パラフィンを分散媒に用いるとよい．熱の出入りを検知する示差熱分析（DTA）を行うと，脱水に伴う吸熱が160 °C位まで見られ，約270°Cから燃焼に伴う発熱が始まることが確認できる[11)]（示差走査熱量測定，DSCでも同様に確認できる）．ただし，この測定は開放系であるので加熱で水分が低下する中でのでん粉の熱特性を調べたものである．水分一定状態のでん粉の加熱特性を知るには，でん粉から水分の散逸が起こらない耐圧性のある密封容器（後述4.1, 5)）を用いて閉鎖系で測定するとよい．この条件で測定すると，水分3.8～7.0%の低水分量でん粉（馬鈴薯，コーン，ワキシーコーン，小麦，クズ）では，吸熱ピークは単一ではなく2つ（A, B）に分離した特徴的な形状を示す（図3.6）[12)]．低温

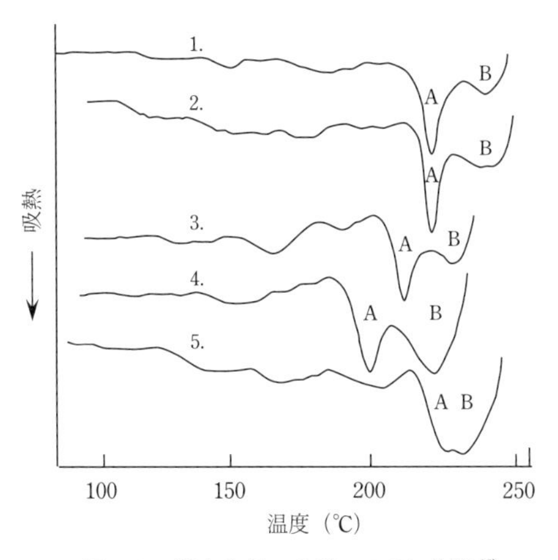

図 3.6 低水分量でん粉のDTA曲線[12)]
1, コーンスターチ（6.1%）；2, ワキシーコーンスターチ（6.5%）；3, 小麦でん粉（7.0%）；4, クズでん粉（4.8%）；5, 馬鈴薯でん粉（3.8%）．カッコ内は乾物当たりの水分量．

側の吸熱ピーク（A）はその過程ででん粉の偏光像が消失し，水溶性が高まりヨウ素呈色や粘度が激減するので，でん粉が融解と分解を起こしたことを示す．この温度は，収着水分量の影響を顕著に受ける．しかしながら，引き続く高温側のピーク（B）は，カラメル化と燃焼の発熱反応と連続していて収着水分量の影響をほとんど受けない．高温度領域におけるでん粉の構造変化は，一般的に 1) 高次構造の変化，2) グルコース鎖の解裂および／または再結合，3) グルコース残基の熱分解および／またはその酸化分解の反応が不可分に起こる．上述の測定では，1) と 2) の反応を 3) の自己触媒的熱分解反応から分離して，デキストリン化を伴う融解反応を検知したものといえる．同一水分量であればでん粉の融点は馬鈴薯が最も低く，コーンスターチが最も高く，クズでん粉がその中間を示し，X 線回折パターンによる結晶形の違いによく対応している．でん粉の熱分解物は焙焼デキストリンといわれ，古くからでん粉の加工法として知られ，現在でも重要な位置を占めている．

熱分解による揮発物としてレボグルコサン，一酸化炭素，二酸化炭素，水のほかホルムアルデヒドやギ酸，アセルアルデヒド，酢酸，アクロレインなども検出されている．でん粉の調理や加工では，これらの分解物がタンパク質や油脂等と混然一体化し，たとえばルウのように好ましいを与える．

なお，でん粉粉末は無味無臭といわれるが，それぞれ特有のかすかな匂いがある．たとえば馬鈴薯でん粉にはキュウリ様の，コーンスターチや小麦でん粉には穀物臭があるが，よく精製されたタピオカでん粉は無臭である．表 3.2 に各種でん粉の代表的な粉末特性を示す．

表 3.2 各種でん粉の粉末特性

原料		トウモロコシ	小麦	馬鈴薯	甘藷	タピオカ
顕微鏡特性	粒の形状	多角形，球形	凸レンズ形	大粒：卵形 小粒：球形	小多角形，ツリガネ形，円形の順	多角形，ツリガネ形
	単粒か複粒か	単粒	単粒	単粒	単粒 ときに複粒	単粒 ときに複粒
	粒径 (μm)	2〜30	2〜40	2〜80	2〜35	2〜40
	平均粒径 (μm)	13〜15	大粒：15〜40 小粒：2〜10	30〜40	20	20
	粒心	放射状の亀裂の入った穴として見える	少数の大粒子にだけ見られる	偏心による	中心	偏心
	層状構造(縞)	見えない	不明瞭	極めて明瞭	明瞭	見えない
粒構造	アミロース含量 (%)	26	24	20	21	17
	アミロース重合度*1 平均 分布	 990 300〜13,000	 1,180 360〜15,600	 4,920 840〜22,000	 4,100 840〜19,000	 2,660 580〜22,000
	X線回析像	A	A	B	C	C
	結晶化度 (%)	39	36	25	37	38
	無水物比重	1.635	1.625	1.635	1.635	1.634
粉体特性	匂い	穀物臭	穀物臭	キュウリ臭	カビ臭	ほとんど無臭
	見掛け比容積 粗充填 密充填	 1.43 1.32	 1.54 1.36	 1.67 —	 1.67 1.17	 — —
	平衡水分 (%)	15.2	14.2	18.9	16.4	—
	飛散性 (%) *2	5.5	2.9	6.6	—	—
	流動性 (%) *3	2.1	2.1	3.9	—	—

*1 檜作，1993.
*2 筒状より粉末を落下させた場合に空中に飛散している重量比.
*3 篩通過量比.

2.6　保存安定性

一般に，でん粉は保存性を高めるために乾燥して粉末化する．実験室規模では自然乾燥がよく行われるが，工業的でん粉製造では気流乾燥（120°C の熱風で数秒間加熱される．このとき品温は蒸発熱によって 35°C 程度までしか上昇しない）される．凍結乾燥はでん粉粒に損傷を与えるので用いない．酸処理でん粉では自然乾燥してもハイラム部分に亀裂を生じて損傷しやすいので，それを避けるには実験室規模では水中で冷蔵し頻繁に換水するとよい．

馬鈴薯でん粉は保存による粘度低下が大きく，特に保存温度の影響を受けやすい．たとえば，28 週間の保存で 37°C では 74%，室温では 34%，5°C では 10% の粘度低下が見られる[13]．これは，でん粉結合リンが保存中に遊離するためと考えられる．このほか，高温環境下ではでん粉粒構造に変化が起こり，糊化しにくくなることもある．

これに対し，コーンスターチの粘度低下は少ない．しかしながら，コーンスターチは高温保存時，含有する油脂の劣化に伴いに変化が見られることもある．

3.　懸濁液（でん粉乳）の特性

でん粉は冷水には溶解せず，室温で馬鈴薯でん粉やコーンスターチはそれぞれ 43%，57% の水を保持した状態で水中に浮遊して懸濁液（白濁しているので“でん粉乳”と呼ばれるが，でん粉溶液ではない）を形成する．この場合，初期水分が 10% のとき 10 cal/g (41.8 J/g) の湿潤熱を発する．水中比重は約 1.4 で，でん粉という名のごとく沈澱しやすい．各種でん粉濃度とボーメ度（懸濁液比重）はほぼ直線関係にあり，ボーメ度の2倍がでん粉濃度となるので，ボーメ計で簡単にでん粉濃度が推定できる．

でん粉懸濁液は低濃度の場合には流動しやすいが，濃度が40%位になると粘度が急激に上昇し，42%以上でダイラタント流動を示し，45%以上ではほとんど流動性を失い，硬いケーキ状を呈する．ダイラタント流動とは，懸濁液を静かに撹拌すると流動するが，急激な力を加えると非常に大きな抵抗を示し，固まる現象をいう．これは，最密充填状態にあるでん粉粒が瞬間的外力により粗充填状態となり，広がった空隙に水が一気に吸い込まれて懸濁物の容積がふくらむ（dilate）ためである．この性質は馬鈴薯でん粉で強く，中華料理のたれに高濃度のでん粉乳を使う場合によく見られる．

でん粉に水を加えて懸濁液を作る際，でん粉粉末が水面上に浮遊し，均一な懸濁液を工業的に作るのに長時間を要することが多い．これは，でん粉粒の水濡れ性に起因している．でん粉の水濡れ性を，ガラス管内に充填したでん粉粉体の毛管上昇距離で測定すると，馬鈴薯でん粉，小麦でん粉，コーンスターチの順に悪いことがわかる．小麦でん粉は脱脂率が高くなるにつれて水濡れ性は良好となるので，各種でん粉の水濡れ性の良否は脂質含量と相関していると考えられる．

4. 糊 化 特 性

4.1 糊 化 現 象

水とともにでん粉を加熱して顕微鏡で形態変化を観察すると，ある温度ででん粉粒は水を吸収して膨潤し始める．この温度を，通常，糊化温度（糊化開始温度）と呼ぶ．温度がさらに上昇すると，でん粉粒はさらに膨潤を続け，体積は数倍以上に大きくふくらむ．膨潤が極限に達すると粒の崩壊が始まり，顕微鏡下からでん粉の粒形態が消える．このように，でん粉粒は加熱により吸水 → 膨潤 → 崩壊 → 分散の過程をたどり，これら一連の動きがでん粉の糊化現象である．この糊化の進行状況は図 3.7 に示すように，でん粉の種類や粒子の大小により異なるが，いずれも同様の過程をたどる．糊化の現象が，でん粉質食品の品質に大きく影響するのはいうまでもない．しかし，この糊化の状態変化は連続的で，任意の状態にとどめることができないために，糊化の制御は困難で，今なお解決すべき重要な課題として残されている．

でん粉の糊化に伴って変化する性質には光学的性質，流動的性質，化学反応性，磁気的性質や吸熱転移性など多数あるが，実用的に重要な特性は次の 6 種類である．

1)　粒形態・偏光像の変化

でん粉粒の膨潤開始とともに偏光十字が消失し始めるので，一般的にはホットステージを取り付けた偏光顕微鏡が使用される．同一試料でも粒ごとに変化が異なり約 10°C 位の糊化温度の違いがある．また，でん粉粒は部分的に損傷を受けると色素を吸着するので，膨潤粒をコンゴレッドで染色して調べることもできる．顕微鏡撮影装置がない場合でも，スマートフォンのカメラを接眼レンズの光軸に合わせるときれいに撮影できる．

このでん粉粒の形状や偏光十字の消長を直接顕微鏡で観察する方法は，糊化開始の測定には鋭敏でよいが，時間と労力がかかり定量

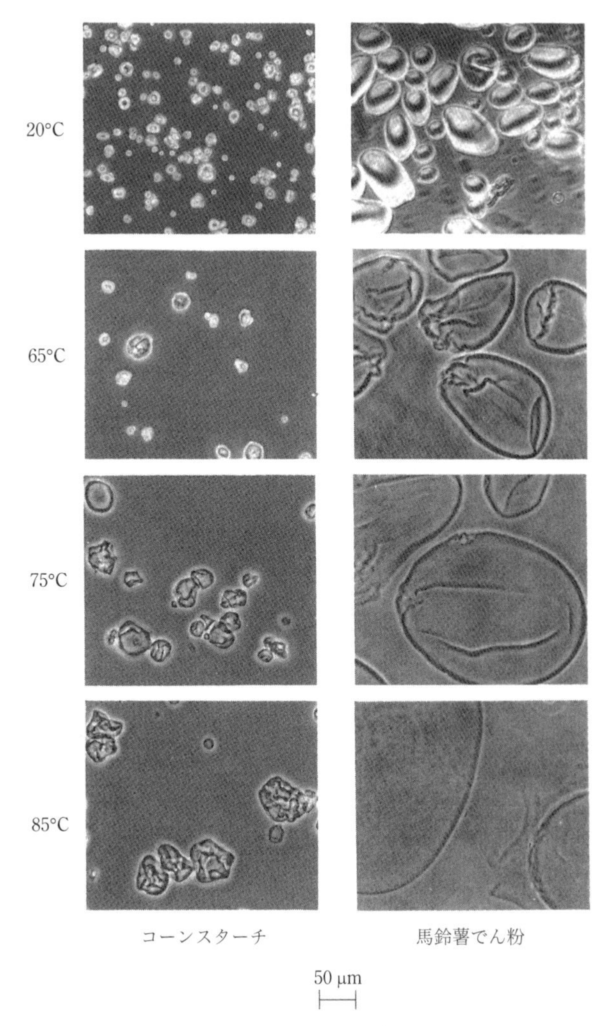

図 3.7 代表的でん粉の加熱時の形態変化（札場，1995）

的取扱いや糊化終了の判別が難しい．定量的取扱いには膨潤力の測定が行われる．これは，一定温度で30〜60分加熱した時の乾物でん粉1 kg当たりの吸水重量で表す．各種でん粉の膨潤力曲線を図3.8に示す．水中に溶出したでん粉重量と全体重量との比（%）を溶解度と呼ぶが，両者は非常に高い相関性を示す．

馬鈴薯などのイモ類でん粉は，比較的低温の約55°Cから膨潤し始め，温度上昇とともに直線的に上昇する．これに対し，コーンスターチなどの穀物でん粉は，やや高い約65°C以上で膨潤し始め，

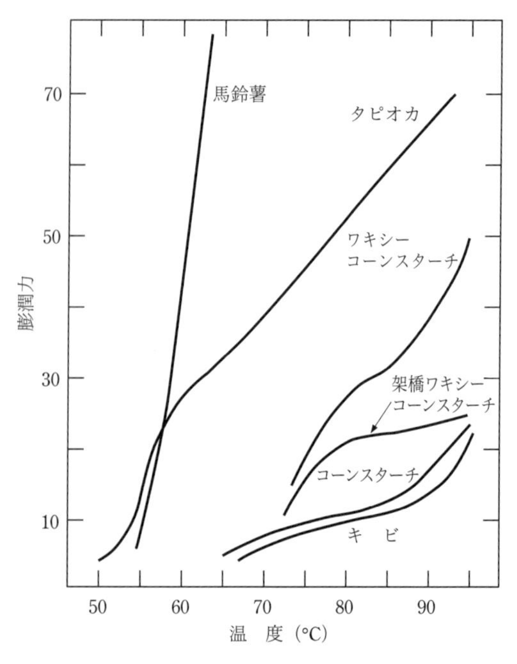

図 3.8　でん粉の加熱温度と膨潤力の関係（T. J. Schoch, 1959）

2段階の膨潤を見せる.

2) 透明性の変化

でん粉懸濁液は糊化すると透明になるために，光の透過性を測定することで糊化の程度がわかる．この測定はフォトペーストグラフィーと呼ばれ，分光光度計に試料の自動昇温ユニットを組み込んだ装置が市販されていて，透過率や吸光度変化が連続記録できる.

この装置による透過率の変化を図3.9に示す．馬鈴薯でん粉は58°Cになると透過率が急激に増加し，その後勾配はゆるやかであるが，直線的に増加する．コーンスターチや小麦でん粉は透過率の上昇の直前にわずかではあるが透過率が下がり，その後の増加は2段階を呈し，前述の膨潤力の温度変化と類似している．この穀類でん粉のフォトペーストグラムの特徴的な形は，含有する脂質がアミロース-脂質複合体をつくって糊化を抑制することが原因である．また，タピオカでん粉やワキシーコーンスターチは馬鈴薯でん粉とほとんど同じ透過率-温度曲線を描くが，75～85°Cで透過率は逆に減少し始める.

フォトペーストグラムの変化温度は，前項の偏光十字の消失温度と非常によく一致しているので，でん粉の糊化初期を鋭敏に検知，自記できるが，測定濃度は0.1～0.4%の希薄懸濁液を使用するので，複雑な食品系の観察には適用できない.

3) 粘性の変化

でん粉の粘性の変化を測定するため，実用的で最も広く使用されるのがブラベンダービスコグラフ（Brabender社Viscograph，通称：アミログラフ）である．これは同心二重円筒型の回転粘度計で，底部にピンを固定させた外筒を一定速度（通常は75 rpm）で

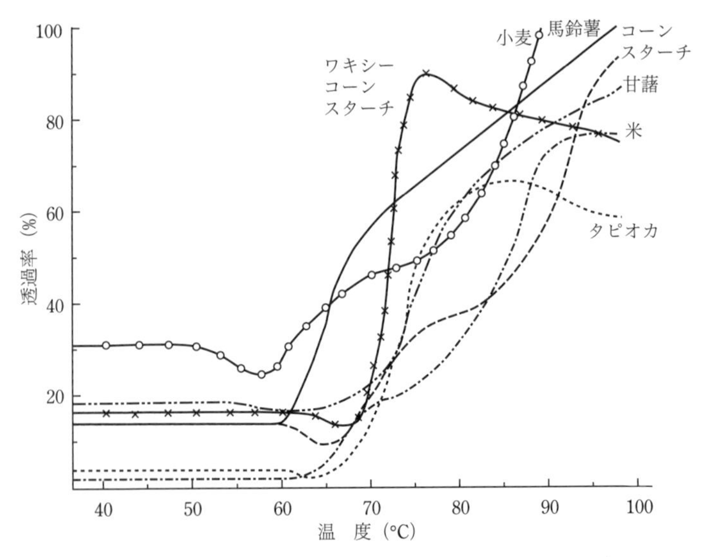

図 3.9　各種でん粉のフォトペーストグラム（貝沼，1968）

回転させ，内筒に相当するピンとの間に発生するトルクをねじりバネで記録する．温度は 1 分間 1.5°C の速度で上昇，冷却水により下降，あるいは一定温度で保持することも可能なように温度調整できる．でん粉の種類により粘稠度が異なるので，従来より馬鈴薯でん粉は 3〜4%，その他のものは 6% 濃度で測定されている．液量は 500 g を用いる．

図 3.10 に濃度 5%，50°C より加熱を始め 95°C で 60 分保持した後冷却し，さらに 50°C で 60 分保持した場合の，各種でん粉の時間（温度）と粘度の関係曲線を示す．この曲線はアミログラムといわれ，BU 単位（ブラベンダーユニット，一般には 700 cm·g を 1,000 BU として使用）で表される．この特性値としては，粘度上昇開始

温度（濃度により値が異なるので糊化温度とは呼ぶべきではない），最高粘度とこの粘度に達した時の温度，95°C または 95°C 一定保持後の粘度，ブレークダウン粘度（最高粘度と加熱時の最低粘度との差）や冷却時の粘度上昇（セットバック）などである．

馬鈴薯でん粉のアミログラムは他のでん粉に対して非常に特異的で，粘度上昇開始温度は低いが，急激な粘度の上昇，最高粘度，加熱保持時の急激なブレークダウンを示している．この最高粘度を示

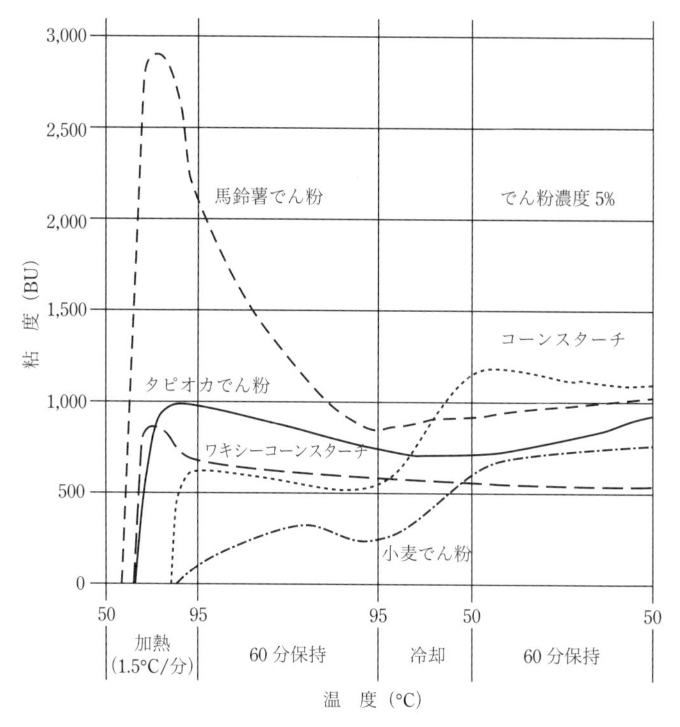

図 3.10 でん粉の粘度曲線（ブラベンダーアミログラム）

す 80～85°C のでん粉粒の顕微鏡観察では，膨潤状態を保持しているが，ブレークダウン時には膨潤粒の破片が多数見られる．このアミログラムからはでん粉粒の構造変化は判断できないが，加熱，撹拌によりでん粉粒が崩壊，分散して粘度低下したためである．この様子を図 3.11 に付記する．

コーンスターチの粘性挙動は，馬鈴薯でん粉とは対照的に粘度上昇の開始温度は高く，最高粘度に達する時間は長くかかるが最高粘度は低い．しかしながら，冷却時の粘度上昇が大きくなる曲線を描いている．小麦でん粉は非常にゆるやかな曲線を描く．

また，タピオカでん粉とワキシーコーンスターチはよく似た曲線を描き，冷却時に粘度の上昇が非常に小さいのが特徴といえる．

アミログラフの BU はその構造上，スプリングが受けるすべての応力の総合された値を示しているので，懸濁液中のでん粉濃度の影

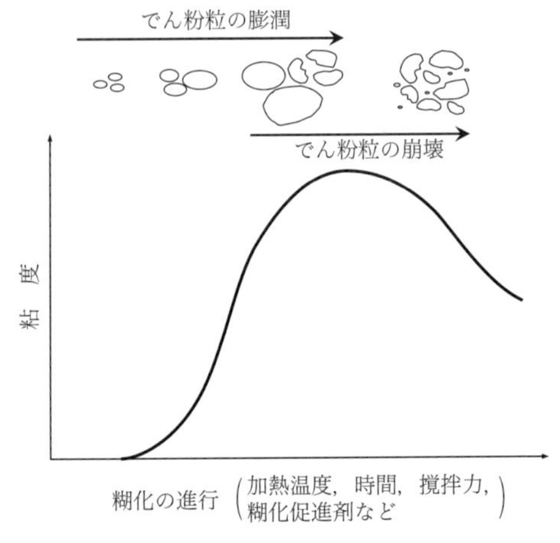

図 3.11　でん粉粒の糊化の模式図（高橋禮治，1974，改図）

響を受けやすく，でん粉濃度の上昇につれて粘度上昇開始温度は低下する傾向がある．

アミログラムの 20 BU を示す温度を糊化温度とすることもある（正しくは粘度上昇温度）が，他の方法による糊化温度（表 3.3，後出）に比べ 10°C 位高い．アミログラフはそれぞれの装置における再現性はよく，器機が異なると冷却粘度にやや大きな差を生ずるが，実用性にすぐれ，多用されている．しかし，でん粉量が 15〜50 g と必要量が多いので，少量でも，高濃度でも測定できる装置も求められ，プラストグラフもその 1 つである．

特に，米国穀物化学会の公定法にも採用されているラピッドビスコアナライザー（Rapid viscoanlyzer, RVA：Newport Scientific 社）は，試料量が 2〜5 g，液量が 25 mL と少なく，測定時間が 15〜20 分と短時間で済み，アミログラフと同様の粘度特性が再現性よく評価できるためにでん粉懸濁液の粘性の測定法の主流になった．しかし，測定後の糊液を利用したい場合には液量の多いアミログラフの方が有利である．

4) X 線回析像の変化

でん粉の結晶構造性は X 線回析で評価される．たとえば，明確な B 形を示す馬鈴薯でん粉の X 線回析パターンは，図 3.12 に示すようにアミログラフの粘度上昇が始まる直前の X 線図形（II）に早くも乱れが検知される．粘度上昇が始まった直後は，結晶構造を示す回析線はさらに減少，最高粘度の 1/2 に達する時点では，ついに全体が非晶質を示すハローを呈するようになる．A，B，C 形すべての結晶形のでん粉でも，糊化が進むと同様に回析線が減少しハローが増加するので，糊化の度合いを回析線の強度（ハローの強度を差し引いた強度）から推定することも可能であるが，定量化は困難である．X線回析では，結晶部分の状態変化を見ているので非結晶部分の状態は把握できない．

なお，カッツ（J. R. Katz）は，1930年，パンを焼いた際に，小麦粉中のでん粉のX線回析像がぼんやりとした糊化図形を示す状

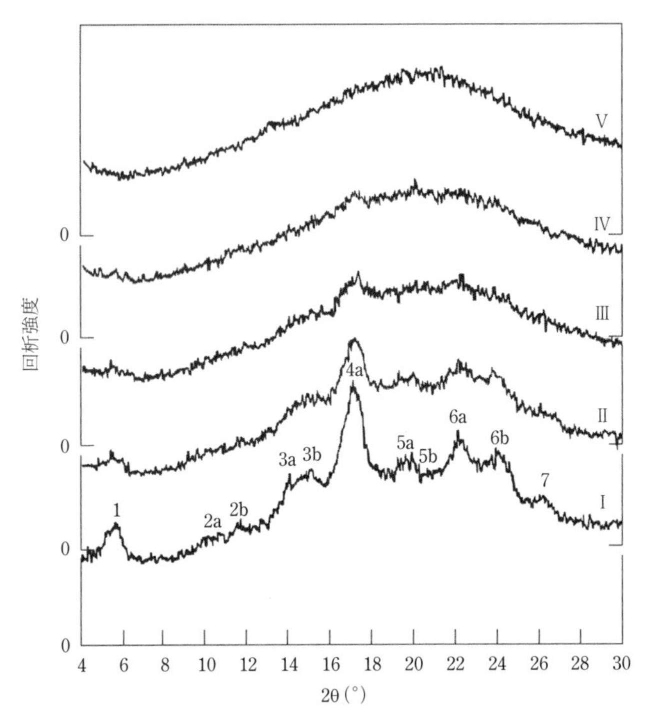

図 3.12　馬鈴薯でん粉の糊化過程における結晶構造の変化（檜作，1961）

Ⅰ：加熱前，Ⅱ：粘度上昇が始まる直前，Ⅲ：粘度上昇が始まったとき，Ⅳ：粘度が最高粘度の1/2のとき，Ⅴ：粘度が最高に達したとき．

態のものを α- でん粉，これに対して，もとの未糊化のでん粉を β-でん粉と称した．この名称はわが国では広く使用され，加熱によりでん粉が糊化することをアルファー（α）化と呼んでいるが，国際共通語ではない．α-，β- 等の呼称は現象の内容を表すものではないので，本書では糊化でん粉，生でん粉，老化でん粉，糊化，老化と呼称する．

5) 熱 転 移

でん粉の糊化は粒が膨潤崩壊し，粘性が変化するという巨視的な現象である．これは微視的には規則構造や結晶構造の消失に起因する．でん粉の糊化が吸熱過程であることは古くより知られていたが，近年相転移現象として熱分析が応用されるようになった．でん粉の規則構造には，でん粉鎖が規則的に配向したいわゆる結晶構造，アミロースのヘリックス構造およびアミロペクチンのダブルヘリックス構造等種々あるが，熱分析はこれらすべての規則構造の崩壊に伴う，固相から液相への熱転移を検知する．

熱分析法には，少量の試料と測定温度領域に熱応答のない不活性な基準物質を一定速度で加熱するとき，試料と基準物質との温度差を測定する示差熱分析（DTA, differential thermal analysis），両者の熱量差を検知する示差走査熱量測定（DSC, differential scanning calorimetry）があるが，両者とも本質的に同じ形状図を示す．

冷水に浸漬した馬鈴薯でん粉約 10 mg に純水 10 μL を加え，熱分析用アルミニウムカプセル（器材は水との発熱反応を起こさない酸化アルミニウムの被膜をもつアルマイト製がよい．通常 120 °C 程度までの測定が可能．それ以上の温度帯では肉厚の耐圧カプセルを用いる）に密封し，基準物質として α- アルミナ（試料の熱

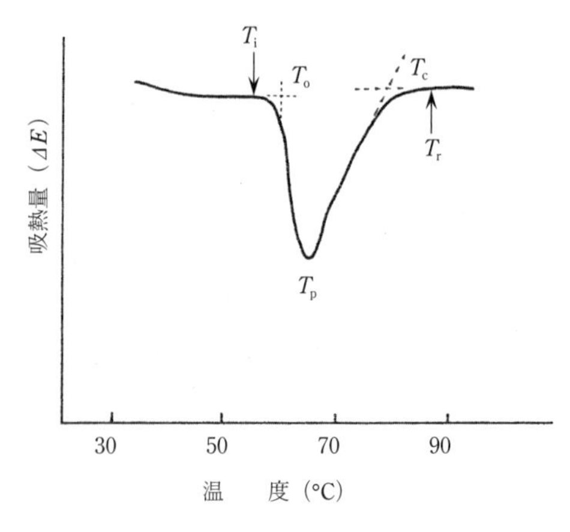

図 3.13　熱分析による糊化吸熱ピーク解析図
（高橋幸資ら，1978，改図）
Δ H：転移エンタルピー＝ピーク面積

容量にそろえるためで，簡単には試料溶媒を用いる）を用い，炉体中で一定速度（5°C/分）で昇温（より慎重な測定では 1.5～2°C/分）したときの吸熱曲線を図 3.13 に示す．吸熱し始めの温度（T_i, initial temperature），吸熱し始め側の吸熱曲線の変曲点を通る接線とベースラインの交点を示す温度（T_o, onset temperature），吸熱曲線の頂点を与える温度（T_p, peak temperature），吸熱し終わり側の吸熱曲線の変曲点を通る接線とベースラインの交点（T_c, conclusion temperature），吸熱が終了してベースラインに戻る温度（T_r, recovery temperature）などが求められる．通常，T_o を糊化開始温度，T_p を糊化ピーク温度，T_c を糊化終了温度と呼び，でん粉の種類により異なる．これらの温度のうち糊化開始温度（T_o）は，固–液相転移反応の物理化学的融解温度に最も近い特性温度である．

表 3.3 各糊化測定法によるでん粉の糊化温度

で ん 粉	顕微鏡法*1 (糊化範囲, °C)	フォトペーストグラフィー*2 (°C)	アミログラフィー*2 (°C)		熱 分 析 法*2 (DTA, °C)		
			20 BU	最高粘度	T_o	T_p	T_r
小麦	52〜63	53.2	—	—	56.2	64.2	82.4
コーンスターチ	62〜72	61.6	76.1	87.5	63.1	70.1	80.4
ワキシーコーンスターチ	63〜72	60.3	69.1	73.4	63.9	71.0	85.3
米	61〜77.5	60.0	75.6	93.0	69.4	76.3	88.3
馬鈴薯	56〜66	58.3	63.2	73.6	58.9	65.2	79.2
タピオカ	58.5〜70	62.5	69.0	73.3	66.9	73.4	85.3
緑豆	—	63.5	73.0	82.9	62.1	71.8	88.6

*1 T. J. Schoch *et al.*, 1956.
*2 T_o：糊化開始温度，T_p：糊化ピーク温度，T_r：糊化終了温度（高橋幸資ら, 1978）

T_c を糊化終了温度と呼ぶが，論理的な吸熱反応終了温度は T_c より低温側にあるが，解析ソフトが搭載されていないので，真の糊化終了温度は決定できない．糊化に要する転移エネルギー量であるエンタルピー（ΔH）は，吸熱ピークの面積から評価できる．この場合，熱標準物質を用いてその融解温度および融解熱によって装置の校正が必要である．使用するカプセルの種類や測定時の昇温条件によって装置定数が異なるので，分析条件に合わせて設定する必要がある．

表 3.3 に，各種でん粉の代表的な測定法による糊化温度を示す．この結果，顕微鏡法とフォトペーストグラフィーはほぼ近似しているが，熱分析法，アミログラフィーと高くなる傾向にある．しかし，熱分析法の糊化開始温度はフォトペーストグラフィーに近似，糊化ピーク温度はアミログラフの粘度上昇開始温度にほぼ近い．ま

た糊化終了温度は，アミログラフの最高粘度時の温度より高い場合が多い．これは熱分析法が，糊化の初期の結晶構造の変化から粘度上昇時や最高粘度到達後の物性変化まで広範囲にわたって糊化現象をとらえられることを示している．この熱分析法は従来の方法に比べて 10 mg 以下の少量のでん粉で精度よく，そのうえ 50% 位の濃度まで測定できる．水分のさらに少ないでん粉の場合には，糊化や融解の吸熱ピークが高温度領域に現れるので，水が封じられていても 250°C 程度まで測定できる耐圧性のある銀製カプセルを用いると，絶対乾物に近い水分量約 3% まで測定できる．また，ハイアミロースでん粉およびでん粉–脂質複合体の熱転移は 100°C を超えるので，耐圧カプセルを用いて測定するとよい．さらに食品中のでん粉の糊化温度や挙動を，でん粉を分離することなく食品の小片（4 × 3 × 2 mm^3 程度）を切り出し，微量の水を加えて直接測定することもできる．また，糊化開始温度（T_o）を用いると他の物理化学的パラメーターとの関連性を論じる取り扱いが進められるなど，熱分析法はでん粉の食品利用の基礎的検討にも役立つ方法である．

糊化の相転移は，実用的価値から基本的な特性として常に評価の対象になるが，これとは異なるもう 1 つの微視的状態変化としてガラス転移がある．ガラス転移は糊化の相転移とは異なり，でん粉のようなアモルファスな構造をもつ高分子の状態が，ガラス状に凍結されていた主鎖の回転や振動（ミクロブラウン運動）が始まってゴム状となる熱転移である．この温度をガラス転移温度（glass transition temperature, T_g）という．T_g の前後で比熱が変わるので，DSC ではベースラインの変動としてガラス転移が検知できる（図 3.14（A））．このガラス転移は，固相–液相の熱的相転移である糊化

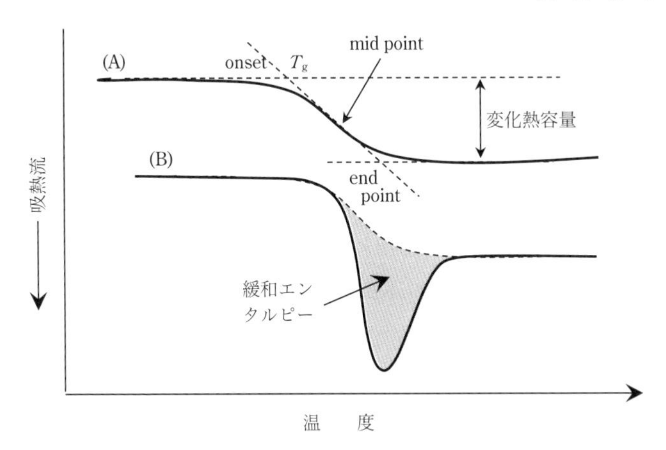

図 3.14　ガラス転移の DSC 曲線概念図
(A), 緩和していないガラス転移；(B), 緩和したガラス転移

や融解の吸熱ピークより低い温度領域に現れる．また，ガラス転移は系がガラス状からゴム状へ転移することから粘弾性の変化も起こるので，レオロジー測定によっても検知できる．ガラス状に固体化していても，でん粉鎖は T_g 以下の温度でも局所的な運動や側鎖の自由回転は残されている．そのため，でん粉がこの温度帯に置かれている間でも，ごく近傍の分子間および分子内相互作用が働きうるので，内部の構造性はできるだけエネルギー的に安定な方向へと向かう緩和現象が起こる。しかし，この緩和の内部反応は固体化しているために非常に遅く，長い時間スケールで進むことが特徴である．緩和するとエネルギー的に安定性を獲得するために T_g は高温度側にシフトする．また，緩和する構造性を補償するために余分なエンタルピーが必要となるので，ガラス転移のベースラインの変動温度領域に吸熱ピークが現れる（図 3.14（B））．緩和されたことを

DSC で知ることができる．

ここで，ガラス転移の意味を改めて応用科学的に考えてみる．ガラス転移前後の状態の特徴から見て，T_g 以下では弾性要素が相対的に勝り，T_g 以上では粘性要素が相対的に勝ることになる．その結果，系のマクロな物性も多かれ少なかれ影響を受けると考えられる．でん粉の T_g が加工時や喫食時の温度より高い場合と低い場合では，弾性・粘性のどちらの物理的特性が優勢となるかが異なるので，それによっては加工の作業性や食感にも違いが生じうることになる．また，T_g は水分の影響を受け，水分が高くなると T_g は低下するので，でん粉の置かれている温度が同じでも，水分の多少によって T_g が動き，弾性・粘性の優勢さも変動することになる．

したがって，水分の管理とともに T_g を制御することが大きな意味をもつことになる．一方，構造緩和も系の物性に影響を及ぼすと考えられる．構造緩和は，でん粉鎖の分子配列構造の変化，たとえばでん粉鎖が協同的に再配列する領域が増加するような変化を起こしうるであろうから，構造緩和が進むと水分の収着能や易動度に影響を及ぼして水分収着平衡が下がり，水分透過性の減少を引き起こす[14]ことが知られている．したがって，構造緩和の管理と制御も，でん粉およびでん粉質食品の保蔵に少なからず関わりがあると考えられる．生でん粉に比べて，糊化したでん粉は非結晶性が高いので，ガラス転移のもつ意味はその分大きくなると考えられる．でん粉質食品は単離したでん粉と異なり，タンパク質や脂質を含む場合が多い．このような複雑系の場合には各成分の熱応答が重なり，特に DSC 測定では脂質の融解の吸熱ピークに隠れてガラス転移が判別しにくくなる．このようなときにはレオロジー測定の方が有利なことがあるので，試料により使い分けるとよい．

6) アミラーゼ消化性の変化

でん粉は糊化によりアミラーゼで急速に分解され，デキストリンやグルコースにと低分子化して消化されやすくなる．未糊化でん粉は消化されにくいので，消化性によってでん粉の糊化の度合いを推定することができる．この際，使用される酵素系によりジアスターゼ法，グルコアミラーゼ法，β-アミラーゼ-プルナーゼ法などがある．いずれもアルカリ糊化などによる完全糊化試料と対比して糊化度（α化度と呼ぶこともあるが適切ではない）を求めるが，方法の相違により得られる数値は異なる．

アミラーゼによる消化性の変化は測定も手軽で，数値化も容易なため，この方法による糊化温度の測定法も提唱されている[15]．たとえばβ-アミラーゼで3時間分解したとき，5 mgのマルトースを生成するための温度がでん粉粒の偏光十字の50%消失時の温度に近似していることから，糊化温度の指標になる．

以上，でん粉の糊化を追跡する代表的な方法について記したが，これらの性質の変化は必ずしも同時に起こらない．それは，それぞれの測定値は異なった物理量を測定していて，観測のタイミングによっても変化するからである．これがでん粉糊化の特徴である．そのためでん粉の糊化を評価するには，目的に応じた方法を選ぶ必要がある．古くからの「曖昧模糊（あいまいもこ）」なる表現はまさに適切といえる．

4.2　糊化に影響する要因

1)　水　　分

でん粉の糊化は，でん粉粒の吸水，膨潤によって進むので水は不可欠である．特殊な場合を除き水分60% 以上であれば水分量に関係なく，一般に約60°C 程度ででん粉分子は協同的に相転移して糊化するが，30% 以下では糊化の場を与える水が不足するために糊化しにくくなり糊化温度が上昇する．このとき，一部は糊化するが未糊化部分が残るので，熱分析の測定では吸熱ピークが単一ではなくなり通常の糊化ピークの高温側に吸熱ピークが出現し，相転移が均一に進行しない状態を示す．さらに水分が減少すると糊化の相転移は起こらず非常に高い温度領域に，でん粉粒自体が融解する相転移に変わる．たとえば，馬鈴薯でん粉では約25% 以下，コーンスターチでは約30% 以下，クズでん粉では約35% 以下になると糊化の相転移から融解の相転移に変化し，水分の低下に伴って融点は急激に上昇する．水分が全くなくなるといずれのでん粉も相転移温度は約230°C に達する[12]。馬鈴薯でん粉，コーンスターチおよびクズでん粉の不凍水量は，それぞれ約40%，約30% および約36% であるので，でん粉と相互作用の強い水がでん粉の熱安定性に深く関与するといえる．

また水分40% のでん粉懸濁液を密閉容器中で加熱すると，熱を受けやすい容器と接した周辺部が早く糊化して透明なゲルとなるが，中心部は不透明のままである．これは系中の水分が外側に移動して，中心部には糊化に必要な水分が不足するからである．一方，開放状態で加熱すると外側は糊化と乾燥が並行し，不完全な糊化粒が皮膜に覆われるので水分移動が妨げられるものの，内部の糊化は進行することになる．パン生地の焼成時のでん粉などがこの例である．なお，でん粉の濃度と粘度の両対数は経験的に比例関係にあることが知られている．

2) 粒　　径

同一種類のでん粉でも，糊化温度は一般に大粒子の方が小粒子よりも 2〜5°C 低いが，高い粘性を示す．馬鈴薯でん粉でいうと，小粒子の方がリン含量が高い．しかしながら，粒径の違いによる結合部位の違いはほとんど認められていない．大粒子，小粒子区分の明確な小麦でん粉を混合したアミログラフの粘度上昇開始温度や最高粘度に達する温度は，対照の大，小粒子でん粉よりも高い値を示す．この混合系における特性値の加成性の乱れは，高濃度になるに従って大きい．通常の単独系では，温度上昇に伴って膨潤がさらに増し，でん粉分子の凝集性が低下して膨潤粒が崩壊する．一方，大粒子と小粒子の混合系では，加熱によりまず糊化温度の低い大粒子でん粉が吸水，膨潤を起こすが，その周辺の小粒子でん粉が大粒子でん粉に若干遅れて糊化・膨潤しだして系内の水を奪うために，大粒子でん粉の崩壊が遅れて系全体の粘度上昇と膨潤粒の崩壊による低下が続き，系の糊化の進行が遅れるために加成性が乱れると考えられる．

このことは，糊化温度の異なるでん粉，たとえば馬鈴薯でん粉とコーンスターチ，コーンスターチとワキシーコーンスターチなどの混合系や親水性の強いカゼインやカルボキシメチルセルロース（CMC）などの水溶液中でのでん粉の糊化でも同じ現象を呈するので，新しい物性をひきだす有効な手段といえる．なお，10〜15% 混合域では主体となるでん粉の特性が強く現れる．

3) 調　味　料

食品加工では，でん粉は各種の調味料などとともに使われることが多い．でん粉は加熱糊化する際にこれら調味料成分の影響を受けやすく，そのうえ影響の度合いもでん粉の種類により異なり，非常に複雑である．

糖の添加は，でん粉粒の膨潤をその強い水和能により糊化膨潤に必要な自由水を減少させることで，常に抑制的に働く．添加量の低い時は粘性は上昇するが，50% と高濃度になると糊化温度が上昇して糊化しにくくなり，粘性も急激に低下する．この傾向は，単糖類よりも砂糖（ショ糖）などの二糖類の方が強い．糊化後に添加した場合には，低濃度では弾性率が高まるが，高濃度では逆に低くなる傾向がある．

塩類の影響も無視できない．特に馬鈴薯でん粉は，他種でん粉が食塩の添加により糊化温度がやや上昇する程度であるのに対し，大きく低下する．これは，馬鈴薯でん粉と結合しているリン酸が原因で，わずか 2 mg% の食塩の添加で最高粘度は約半分になるからである．食品中のでん粉では，小麦生地中のでん粉のように食塩は添加量に依存して糊化温度が上昇し，小麦粉量に対して 3% の添加で約 9°C 上昇する．これは，でん粉が単離されている状態と異なり，食塩が小麦タンパク質の水和やグルテンの形成を促進する結果，でん粉の糊化の場を制約して糊化温度を高めると考えられる．

食酢の添加の場合には，濃度の増大につれて粘度は低下し，特に pH 3.5 以下では加水分解により急激に低下する．また砂糖との併用の場合は，単体とは異なる挙動をとる．これらの影響の度合いを表 3.4 に示す．

表 3.4 各種でん粉の調味料によるアミログラフ粘度変化（山本ら，1986）

調味料＼でん粉		馬鈴薯でん粉	コーンスターチ	ワキシーコーンスターチ	タピオカでん粉
食塩	A	↓	↗	→	→
	B	↘	↗	→	→
	C	↘	↘	→	→
砂糖	A	↘	↗	↗	↗
	B	↘	↗	↗	↗
	C	→	↗	↗	↗
酢	A	↓	↘	↘	→
	B	↓	↓	↓	↓
	C	↓	↓	↓	↓
酢	A	↓	↗	↗	↗
+	B	↓	↓	↓	↓
砂糖	C	↓	↓	↓	↓

A，最高粘度；B，95° C 30 分後の粘度；C，冷却 50° C の粘度．
↑，増大；↗，やや増大；→，一定；↘，やや減少；↓，減少．

この結果，コーンスターチ，ワキシーコーンスターチ，タピオカやサゴでん粉はよく似た粘度変化を示し，調味料による影響の受け方も類似している．馬鈴薯でん粉の受ける影響は大きく，グルタミン酸ナトリウムの 0.01% 添加でも粘度は低下する傾向にある．しかしながら，小麦でん粉では逆に粘度が上昇する．この違いは，小麦でん粉に存在する少量のでん粉結合タンパク質によって，加熱過程で膨潤粒の凝集体が形成されるためと考えられる（後述 5 節参照）．タンパク質が少量残存しているコーンスターチのような他のでん粉においても，糊化挙動に対する残存タンパク質の影響を考慮する必要がある．しかし，調味料類は単体で使用することは少なく，併用や添加の時期，順番などが異なるので，これらのでん粉の糊化に及ぼす影響はさらに複雑になる．調味料ではないが、食酢と液性が逆のアルカリである水酸化ナトリウムの影響は大きい．でん粉の糊化は水の存在下に加熱されて起こるが，アルカリ性にすると糊化しやすくなる．約4%の水酸化ナトリウム溶液を加えると常温でも糊化する．このアルカリ糊化法は段ボール接着剤に使用されている．

4)　塩　　類

馬鈴薯でん粉が食塩により異常な粘性挙動を呈するのは，でん粉分子がリン酸エステル結合した高分子電解質であるためである．馬鈴薯でん粉のリン酸は通常カリウム（K）塩であるが，カルシウム（Ca）やマグネシウム（Mg）塩に置換されると糊化が著しく抑制される．また0.05～0.1 ppm程度の鉄（Fe）塩で，アミログラフの最高粘度が増加することも認められ，使用する水質による影響が大きい．

無機成分がでん粉の糊化を抑制，あるいは糊化を促進させる効果はでん粉の粒構造の安定性と関連し，ホフマイスター系列（Hoffmeister's series）におおむね一致することが知られている．

糊化を抑制する能力は次のような順序になり，この逆が糊化を促進する順位となる．

陰イオン：$SO_4^{2-} > COO^- > Cl^- > NO_3^- > ClO_3^- > Br^- > I^- > SCN^-$

陽イオン：$Al^{3+} > Mg^{2+} > Fe^{3+} > Ca^{2+} > NH_4^+ > Na^+ > K^+ > Ba^{2+}$

陰イオンの方が陽イオンより糊化に及ぼす影響が強く，2価の陽イオンの方が1価の陽イオンよりやや低濃度で糊化温度に対する影響が現れる．塩の糊化に対する影響の傾向は，糊化温度（熱分析の糊化開始温度，T_o値）を変化させうる最小濃度を臨界濃度指数として定義すると，ホフマイスターの離液数との間を非常に相関性の高い一次回帰式で関係付けることができ，塩の影響の様子をより明瞭に示すことができる[16]．また，ハロゲン化塩の臨界濃度指数と水和数とは相関性の高い一次回帰式で関係付けることもでき，塩の水和度や荷電分布がでん粉の構造安定性に深く関わることがわかる．さらに，溶液の構造性のパラメーターである B 係数[17]（次式で示す溶液の相対粘度の B 係数でイオン–溶媒間の相互作用の強さを表わす．$\eta/\eta_0=1+A\sqrt{C}+BC_0$：$\eta$，溶液の粘度；$\eta_0$，溶媒の粘度；$A$，イオン–イオン間の相互作用の強さ；$C$，溶液のモル濃度）と臨界濃度指数との間には，下に凸のきれいな右上りの曲線で示されるきわめて密接な関係が認められ，溶液の構造を秩序だてる B 係数の大きな塩はより低濃度で糊化温度を上昇させ，溶液の構造を乱す B 係数の小さな塩はより低濃度で糊化温度を低下させることが知られている．このことは，でん粉のミセル構造の崩壊に対する安定性が，これを取り巻く溶液の構造と深く関係していることを示している．B 係数の大きな塩は水素結合の構造化を促進するため，でん粉粒への水や塩の取込み，および水からでん粉鎖への熱振動の伝搬を抑制して，でん粉の構造安定性を増大させ，逆に B 係数の小さな塩は水素結合に乱れをもたらすために塩が比較的粒内に保持され，結晶構造に乱れを与えると考えられる．以上のことから，塩は溶液の塩–水間の相互作用の程度によって大きく左右するとともに，でん粉粒の，主として水素結合からなる構造安定性にも直接著しい影響を及ぼすといえる．

5) アミノ酸およびタンパク質

でん粉の主要な官能基は水酸基で親水性が強く，水素結合しやすい．アミノ酸，ペプチドやタンパク質は疎水基とともに親水基も有し，かつ，荷電をもつので，両者は強く相互作用しうると考えられる．たとえば，馬鈴薯でん粉懸濁液にアミノ酸を添加すると濃度依存的に糊化温度が上昇し（図 3.15），膨潤度および粘度を低下させる（図 3.16）[18]．その効果はアミノ酸の種類によって異なり，アミノ酸の正味電荷に依存する．グリシン（Gly）やアラニン（Ala）のような正味電荷 0 のアミノ酸は効果が小さく，リシン（Lys）やグルタミン酸（Glu）のような荷電アミノ酸は強い効果を示す．ポリリシンのように荷電量の多いペプチドはさらに強い効果を現す．アミノ酸はでん粉と静電的相互作用によって結合し，Lys や Glu はでん粉に強く結合するが，Gly や Ala では弱い [19]．その結果，荷電アミノ酸は水の熱振動をでん粉に伝えにくくし，糊化や膨潤を強く抑制すると考えられる．小麦でん粉でも Lys や Glu は糊化温度を大

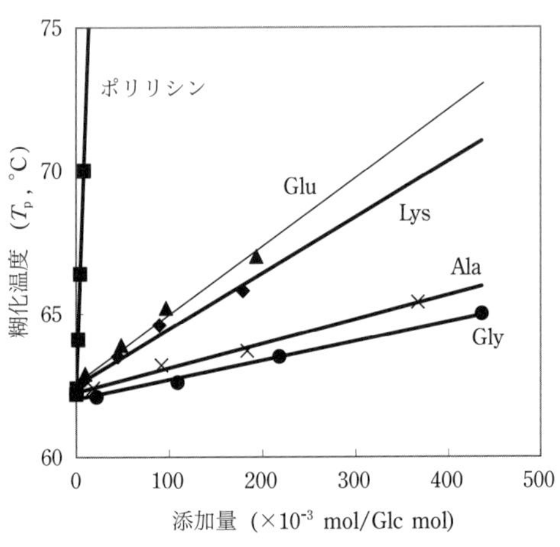

図 3.15　アミノ酸による糊化温度の制御 [17]

きく上昇させ，膨潤を抑制し，Gly や Ala は，糊化温度の上昇効果は小さく膨潤もあまり抑制しない．しかし，粘度は馬鈴薯でん粉の場合と逆に，Lys や Glu の添加で明らかに上昇し，膨潤が抑制されていることと矛盾した結果を示す．加熱過程の小麦でん粉の糊液の分散状態を調べると，70°C 以上で膨潤粒のメディアン径が Lys の存在で確かに大きくなり，単粒として分散している割合が対照より

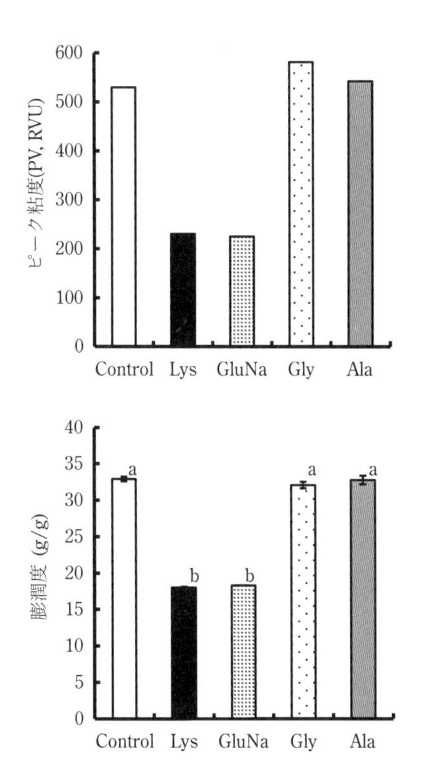

図 3.16 アミノ酸による粘度および膨潤度の抑制[17)]

少なく，2–5粒が会合した凝集粒が多くなることが明らかになり，Lysを添加したときの小麦でん粉の特異な粘度上昇は，多粒子凝集粒が形成されて見かけの粒径が大きくなったためと考えられる[20]．小麦でん粉に存在しているフリアビリンのようなでん粉粒結合タンパク質が，Lysと相互作用して膨潤粒の凝集を促すのであろう．小麦バッターに対するアミノ酸の影響も，小麦でん粉と同様である。小麦でん粉のタンパク質は通常の調製方法では除去できず，アクチナーゼのようなプロテアーゼで繰り返し処理してもタンパク質含量は少なくなるもののなお残存する．穀類でん粉では馬鈴薯でん粉と異なり少量のタンパク質が認められるので，微量の非でん粉成分がでん粉の糊化に影響を及ぼして特異な挙動を示すことがあることに留意するべきである．

2種のアミノ酸が混在するとき，たとえばLysやGluのように正味荷電が異なるアミノ酸が混在する場合は，個々のアミノ酸単独の場合より相乗的増強効果を現し，AspやGluのように正味荷電が同じである場合は，それぞれのアミノ酸の効果の単純和で表される[21]。アミノ酸やペプチドを含む食品素材（アミノ酸/ペプチド食品素材，APRM）である野菜漿液（ニンジン，赤ピーマン，トマト），ビール酵母やパン酵母自己消化物，天然調味料である小麦・大豆醸造分解物および乳清タンパク質酵素分解物等のAPRMを加えると，添加量に依存して糊化温度が上昇する[22]．その上昇挙動，および糊液の最高粘度と荷電アミノ酸含量の間にも相関性の高い関係が認められるので，荷電アミノ酸含量の高いAPRMによって糊化温度を高めると糊化を抑制できることから，アミノ酸やペプチドによってでん粉粒の糊化挙動が制御できるといえる．老化に対して APRM は大きな影響を及ぼさないが，荷電アミノ酸含量の高い APRM を用いることで，結晶構造の再形成が抑制できる。Lys および Glu のような荷電アミノ酸，ならびに荷電アミノ酸含量の高い APRM をでん粉に加えることで，でん粉の糊化温度が高まり，粘度や膨潤が低下してでん粉の糊状感を防止するとともに，でん粉糊液の老化を抑制することができる．

アミログラムで見た各種でん粉の糊化に対するタンパク質の影響は，でん粉とタンパク源の組み合わせ，混合比，濃度によって粘度の上昇，減少が見られ，多様な挙動を示している。たとえば，スキムミルクは小麦でん粉の粘度を上昇させる．カゼインは馬鈴薯でん粉の膨潤を抑制する．また，大豆分離タンパク質は膨潤しやすい馬鈴薯でん粉やサゴでん粉の糊化を抑制するが，穀類でん粉は逆に粘度上昇する傾向にある等，個々の事例に基づいた検討が行われている．しかし，これらの検討では検液の pH やイオン強度，試料タンパク質の添加モル数や荷電アミノ酸組成等の実験条件や検討の視点が異なっているので単純には比較できない場合が多い．そのため，未だ法則性が見出されないので一貫した視点で統一的な検討が望まれる．

また，タンパク質含量の高い小麦粉，魚肉や畜肉等食品組織中でのでん粉の糊化挙動は，単離されたでん粉とは異なるので，でん粉を利用するうえで十分留意する必要がある（後述 7) を参照）．

6) 脂質および界面活性剤

コーンスターチや小麦でん粉中の脂質は，アミロースのヘリックス内に包接され，複合体を形成する．小麦でん粉を 85% 熱メタノールで処理すると 0.3% の脂質が除去され，アミログラフの粘度上昇開始温度や最高粘度が低くなる．この脂質を再添加すると元の特性にほぼ戻るので，脂質がでん粉の膨潤を抑制することがわかる．このような，内部油脂をほとんど含まない馬鈴薯でん粉に脂質を添加すると，その膨潤抑制作用は他のでん粉より著しく大きい．また，アミロースを含まないワキシーコーンスターチなどのもち種でん粉は，脂質の影響を免れて抑制作用を受けず，条件によっては促進の作用を受ける．

脂肪酸に種々の親水基が導入された界面活性剤は，でん粉の糊化に複雑な影響を与える．すなわち，脂肪酸誘導体の界面活性剤は，普通85°C位までは膨潤抑制作用が強い．しかし，90°C以上になると脂肪酸とアミロースの複合体は解離し，親水基による糊化を促進する現象が見られる．また，でん粉が完全に膨潤した後で添加すると，アミロースと不溶性の複合体を形成するので，ゲル化を防止する効果が見られる．界面活性剤のでん粉への影響は幅広く，でん粉系食品で色々と添加，活用されている．

7)　外力およびでん粉を取り巻く環境要因

でん粉粒を顕微鏡観察する際，カバーガラスを指先で強く押しつけると，粒にクラックが発生することがあるが，でん粉粒は多孔性であるため水和状態では圧力や機械的剪断力に弱い．特に，酸処理でん粉では物理的強度が低下しているので，容易に押しつぶされる．加熱吸水した膨潤粒の場合には，この影響の度合いは非常に大きくなる．たとえば図3.17のように，加熱時の攪拌数を変えて小麦でん粉糊の粘度変化を見ると，攪拌力が強く，濃度が高いほど粘度上昇は早い．しかし，さらに攪拌を続けると膨潤粒は崩壊し粘度低下を起こすので，実用的なでん粉糊の粘度は物理恒数ではなく，ある種の平衡値と考えるべきである．

一般に，剪断力による粘度低下は，馬鈴薯でん粉やワキシーコーンスターチのように大きく膨潤するでん粉の方が急激に起こる．コーンスターチは剪断力の弱い場合には安定だが，強くなるとその低下は他のでん粉より著しい．

この機械的剪断力によるでん粉粒の崩壊，分散に伴う粘度低下は，食品製造工程中にミキサー，ホモジナイザー，高圧輸送，高圧加熱（レトルト殺菌）の使用によってひき起こされる懸念が大きい．しかし，均一な糊液を短時間で得たい場合には，ホモジナイザー処理により滑らかな糊液ができる．

食品中のでん粉は制約された組織の環境中に存在するために，その影響を受けて単離された状態の糊化挙動と異なる[16]．比較的水分量の多い食品である馬鈴薯・レンコン・サトイモ・甘藷と，比較

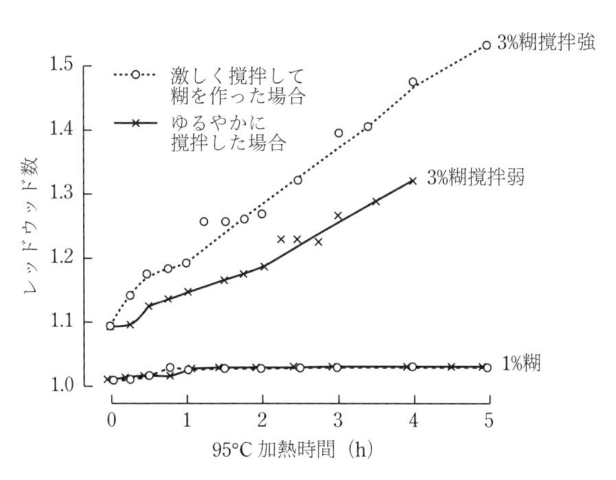

図 3.17　小麦でん粉比粘度に及ぼす撹拌の影響（河村ら，1953）

的水分の少ない食品である米・小麦粉・蕎麦，加工食品であるスパゲッティ・ソーメン・ヒヤムギ・ウドン（生麺，乾麺）・中華麺・ソバ・ビーフン中のでん粉の糊化挙動を，食品そのままを用いて熱分析で測定すると，いずれの食品中でん粉も単離でん粉の糊化温度に比べると数度（多くは2〜7°C）上昇し，制限された組織中に取り込まれているために糊化しにくい状態にあることがわかる．また，糊化温度の上昇を除いて他に大きな変化が認められないので，加工食品の製造過程で，多かれ少なかれ加わる機械的処理や温調処理が与える，でん粉への影響は，比較的小さいと考えられる．麺中の糊化温度は，灰分量により特徴的な差異を示す。たとえば灰分量が0〜0.8%のスパゲッティ（この単離でん粉の糊化温度は約56°C）は他の麺類より低く，約59〜60°Cである．灰分を3〜4％含むソー

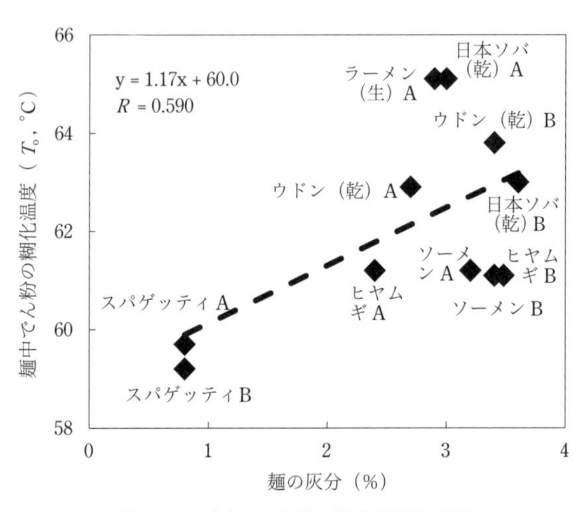

図 3.18　麺中でん粉の糊化温度と灰分

メン，ヒヤムギおよびウドンは約61〜64°Cとやや高く，灰分量に応じて上昇する（図3.18）．添加された食塩により，でん粉を取り巻く小麦グルテンの物性が増強し，糊化しにくい環境となったためであろう．中華麺も63〜65°Cと比較的高く，かん水として用いられる炭酸塩等の影響と考えられる．また，馬鈴薯を貯蔵すると20°C未満，特に15°C以下RH70%の条件で48日貯蔵しても馬鈴薯中のでん粉の糊化温度は未貯蔵とほとんど変わらないが，30°Cの場合は28日間で約4°C上昇する．精白米の貯蔵の場合にも同様の現象が認められ，精白米から単離したでん粉自身の糊化温度の上昇よりその上昇幅が大きい[16]．このことは，でん粉自身の変化よりもでん粉が置かれる環境要因がでん粉の糊化挙動に大きく影響し，その変化が増幅されることを示している．

4.3 粘　　稠　　性

1) 流動特性

でん粉は他の合成高分子とは異なり，実用的な濃度（10%以上）で通常の加熱（100°C）では，分子レベルまでの分散を行うことはほとんど不可能に近く，一般的には不完全分散状態での利用となる．このような状態は，一部溶出したでん粉成分，膨潤でん粉粒とその崩壊物の集合体であり，不均一系コロイド系とみなせる．このため溶媒中に分散移行した可溶性成分の量と質（特に重合度）と膨潤・破壊粒子の量と質（特に残存する構造性の強さ）の組み合わせにより粘性挙動が大きく変化する．

たとえば，一般に使用されている回転粘度計の一種であるB型粘度計で，でん粉糊液の粘度を測定する場合，測定値は回転数によ

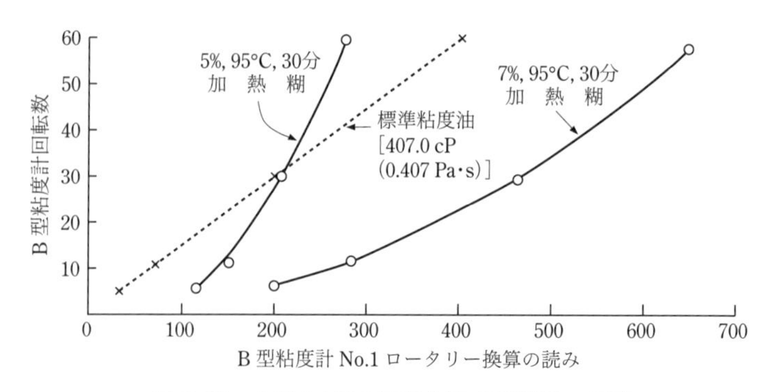

図 3.19　小麦でん粉の流動曲線（高橋禮治，1957）

り大きく変動し，回転数が 60 rpm のときの値は，6 rpm 時の約半分を示す．これに対してカルボキシメチルセルロース（CMC）やポリビニルアルコール（PVA）などの合成高分子溶液はニュートン流動を示し，回転数による粘度の変化はない．でん粉糊液の粘性挙動はこれらとは異なり非ニュートン流動を示す．小麦でん粉の濃度，加熱温度や時間が小麦でん粉糊液の流動特性に及ぼす影響を図 3.19 に示す．流動曲線は B 型粘度計の回転数と粘度計の示度との関係を示している．標準粘度油はゼロを通る直線なので，明らかにニュートン流動を示している．また，濃度 5% 以下，あるいは 80°C 以下の加熱小麦でん粉糊液はニュートン流動を示すが，95°C まで加熱した糊液では曲線を示し，粘性や弾性要素を内在する非ニュートン流動といえる．でん粉糊液が非ニュートン流動を示すのは，95°C 以上の加熱により糊液の構造性が発達するからで，粘度のずり速度（回転数）依存性はコーンスターチで大きく，馬鈴薯でん粉やタピオカでん粉では小さい．

アミログラフの粘度上昇時と下降時におけるでん粉糊液の粘性率

や弾性率を二重円筒式レオメーターで測定した結果によれば，コーンスターチではその変化率は小さい．しかし馬鈴薯でん粉では大きく，特に弾性率の低下が著しい．しかしながら，アミログラフ粘度（BU）と粘性率や弾性率の間には何らの相関も認められない．実用的な測定機器で求められる物性値にはいろいろな特性が複合されているので，その意味するところを充分に吟味し評価することが大切である．

2) 曳糸性（えいしせい）

でん粉を食品へ利用する場合，単なる増粘効果だけではなく，付着性や曳糸性（糸ひき性）なども評価対象になる．

でん粉糊液中から鋼球を一定速度で引き上げるときに糊液の切れるまでの長さを曳糸長として測定すると，各種でん粉の曳糸性が評価できる．この場合，試料としては95°Cで90分加熱し，30°Cに冷却した時のB型粘度計60 rpmの粘度が500 cP〔(センチポアズ), (0.5 Pa･s)〕となるように調製しているが，でん粉の種類により

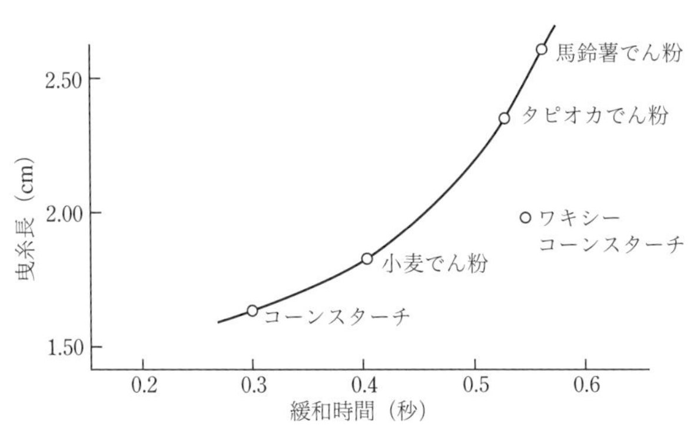

図 3.20 曳糸長と緩和時間の関係（高橋禮治，1969）

粘度発現が異なるので，濃度はコーンスターチ 4.5%，小麦でん粉 5.5%，馬鈴薯でん粉 4.5%，タピオカでん粉 5.5%，ワキシーコーンスターチ 7.0% である．これら糊液の粘性率はそれぞれ 3.6，3.4，3.5，3.7，4.3 P（ポアズ）（それぞれ 0.36, 0.34, 0.35, 0.37, 0.43 Pa･s）とあまり変わらない．しかし弾性率は 12.3，8.5，6.1，7.0，7.9 dyn/cm^2（1.23, 0.85, 0.61, 0.70, 0.79 Pa）と異なっているので，両者の比である緩和時間と曳糸長との関係を図 3.20 に示す．

この結果は，見掛け粘度が一定であるにもかかわらず，コーンスターチや小麦でん粉は，馬鈴薯やタピオカなどの地下でん粉に比べて曳糸長は小さい．また，曳糸長と緩和時間との関係は 2 次曲線となり，曳糸長は弾性より粘性要素が大きいといえる．弾性要素が皆無の場合には曳糸現象は認められず，粘弾性と曳糸性とのかかわりは深い．

曳糸性の強い馬鈴薯でん粉やタピオカでん粉，ワキシーコーンスターチの糊液は凝集性や粘着性が強いのでロングボディー（long body），コーンスターチや小麦でん粉糊液は流下させる際“切れ”がよく粘着しにくいのでショートボディー（short body）と呼ばれ，それぞれの特徴を生かした用途に使用される．なお，コーンスターチでも加熱時間を長くすることにより曳糸性は大きくなる．

でん粉糊液の粘弾性の比較は，糊液表面に追跡線を引き，この線に直角にスプーンで切れ目をつけた時に生ずるゆがみの幅の大（馬鈴薯でん粉）小（コーンスターチ）の観察でも容易にできる．しかし，この粘弾性も塩類や脂肪酸，界面活性剤などの添加により，特に馬鈴薯でん粉ではその影響は大きい．

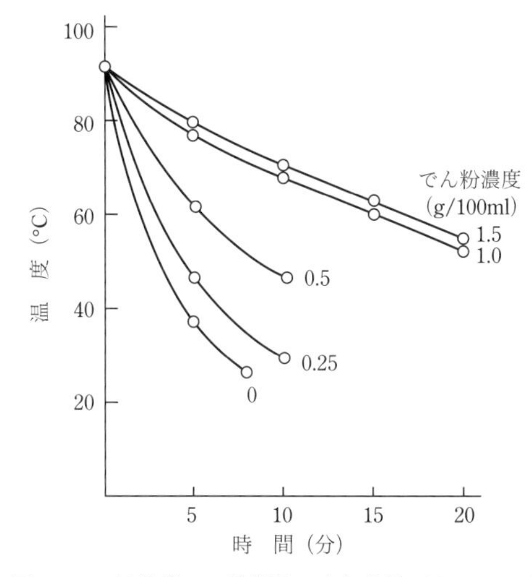

図 3.21 馬鈴薯でん粉糊液の冷却曲線（中浜，1971）

3) 保 温 性

でん粉糊液は食品への粘稠性付与だけでなく，保温効果も見られる．でん粉糊液の保温性は濃度が高くなるにつれて増大するが，馬鈴薯でん粉で 1～1.5%，コーンスターチで 2.5～3% が最適といわれている．90°C の馬鈴薯でん粉糊液を 25°C 恒温槽中に置いた時の冷却曲線を図 3.21 に示す．0.25% 濃度では 5 分で 50°C に下がるが，1% では 20 分でも 55°C を示す．さらに濃度が増しても保温効果の上昇は見られない．一般に，粘度の上昇に伴い自然対流が起こりにくくなるので，熱損失が少なくなり保温性も向上するが，高粘度になると自然対流がなくなり，熱伝導による熱移動が主体となるためであろう．また，でん粉の水和性により濃度が増すと結合水は増すが，逆に自由水が減少するので，蒸発気化熱による熱損失が少なくなることも関係していると思われる.

4.4 ゲル特性

高濃度でん粉糊は冷却すると流動性を失ってゲルを形成しやすい. ゲル食品にとっては大事な現象であるが, 粘稠(ねんちゅう)食品にとっては忌避すべき物性である.

12% のでん粉ゲル強度に及ぼす加熱時間の影響を図 3.22 に示す. また同図に, コーンスターチゲルを構成する水可溶性成分（溶解度）と水不溶のでん粉粒の膨潤度を示す. 加熱時間が長くなるに従い, コーンスターチ, 小麦でん粉ともにゲル強度は低下する. この傾向は, 小麦でん粉の方が顕著である. また, コーンスターチゲル中の残存でん粉粒の膨潤度は, 加熱時間とともに減少し, 可溶性成

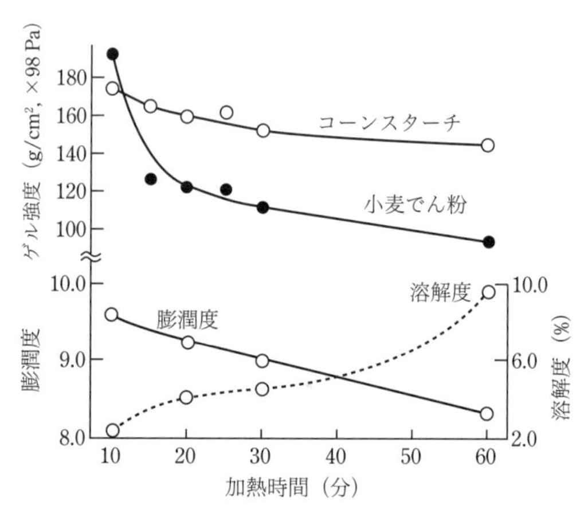

図 3.22　加熱時間によるでん粉のゲル特性の変化
（高橋禮治ら, 1969）

分の溶解度は反対に上昇しているので，ゲル強度と膨潤度には正の相関が見られる．また顕微鏡観察から，ゲルを構成するでん粉粒は加熱時間の増大に伴い，次第に崩壊していくことも認められる．このため，でん粉のゲル強度は，ゲルを構成するでん粉粒の膨潤，分散の度合い，すなわち糊化の程度によって変化し，でん粉粒が膨潤状態から分散状態に移行すると低下する．このことは，最も強いゲルを得るためには最適な糊化条件があることを示唆している．

各種でん粉の同一調製条件（20 分加熱，24 時間放置）で得られる 12% ゲルの，カードメーターによるゲル強度はコーンスターチ（157 gf/cm^2, 1.54×10^4 Pa），小麦でん粉（120 gf/cm^2, 1.18×10^4 Pa），馬鈴薯でん粉（106 gf/cm^2, 1.04×10^4 Pa）の順で大きく，タピオカでん粉やワキシーコーンスターチは溶液状態を示すのみで，ゲル形成しない．このゲル形成能はでん粉の糊化しやすさと反対で，でん粉粒の構造性が強いとゲル形成能も大きいといえる．

低濃度ではゲルを形成しにくいタピオカでん粉やワキシーコーンスターチでも，高濃度で長時間冷却するとゲルを形成する．この冷却の影響は非常に大きい．たとえばコーンスターチの場合，16% ゲルの冷却 1 日のゲル強度 220 gf/cm^2（2.16×10^4 Pa）に対し，濃度が半分の 8% ゲルの冷却 15 日では 300 gf/cm^2（2.94×10^4 Pa）を示す．また 20% ワキシーコーンスターチは冷却 1 日ではゲル強度をほとんど示さないが冷却，15 日では 350 gf/cm^2（3.43×10^4 Pa）と，顕著なゲル強度の上昇が見られる．つまり，でん粉のゲル形成では糊化条件の選択とともに，冷却条件も重要なファクターとなる．

ところで，カードメーターによるゲル強度はゲルの破断強度を示しているが，破断の状況はでん粉の種類により異なる．たとえば，コーンスターチはプローブの侵入とともに応力も急激に低下する脆性破壊，タピオカでん粉やワキシーコーンスターチは応力が徐々に低下する延性破壊を示す．馬鈴薯でん粉もこれに近い．官能評価ではコーンスターチは硬いが崩れやすく，馬鈴薯でん粉は透明で軟らかいが弾力性があり，崩れにくいゲルといえる．でん粉の種類によりゲルの食感が異なるのはゲルの組織構造に起因しており，ゲル特性を検討する場合，粘性挙動と同様に粘弾性（レオロジー）からの考察も重要である．

また，ゲル特性も粘稠性と同じように糖質，塩類や脂肪酸，界面活性剤などの添加による影響を受けやすい．でん粉ゲルが口腔内で咀嚼（そしゃく）されて，これら調味物質が舌の味覚受容体に届く速度はゲルの構造特性に影響されると考えられる．事実，粘稠性の高いたれや

表 3.5　各種ゲル中の呈味物質の呈味効率（θ）
（山口ら，1980）

ゲル		呈味物質		
		ショ糖	食塩	MSG*
馬鈴薯でん粉	10%	0.70	0.76	0.52
〃	20%	0.54	0.74	0.51
〃	30%	0.50	0.64	0.34
馬鈴薯でん粉 白玉粉	各 10%	0.52	0.83	0.53
薄力粉	20%	0.58	0.72	0.41
強力粉	20%	0.59	0.74	0.42
上新粉	20%	—	—	0.45
寒天	1%	0.65	0.73	0.85
ゼラチン	4%	0.77	0.79	0.96
〃	8%	0.63	—	1.09
卵白		0.72	—	0.78

* MSG：グルタミン酸ナトリウム．

硬いゼリーでは，うま味や甘味はやや時間をおいてやや薄味に感じられる．馬鈴薯でん粉，小麦粉，寒天やゼラチンゲル中における砂糖，食塩やグルタミン酸ナトリウムなどの呈味効率（θ）を表 3.5 に示す．θ の値は水溶液の場合を 1 とした時の呈味物質の有効率で，同一ゲルでも呈味物質により異なる．また同一呈味物質でもゲルの種類により異なり，これらはゲルの食感と単純に対応づけることは難しい．いずれにしてもゲル中の呈味力は一般的には低下し，両者の組み合わせにより異なる点を考慮して加工食品の配合を決める必要がある．

5. 老 化 特 性

5.1 老 化 現 象

加熱により糊化したでん粉糊液は，冷却によりゲルを形成しやすいことは前節で述べた．この際，透明性に優れている馬鈴薯でん粉ゲルも白濁するとともに保水性を失ってしばしば離水する．さらに冷却を続けると水に溶けなくなり，老化（retrogradation）が進む．X 線回折像に回折線が現れるので結晶化が起っていることが知れる．しかし，元の生でん粉の状態に戻ることはない．この状態変化を図 3.23 にモデル的に示す．すなわち，結晶構造が崩壊して，でん粉分子間に水分子が入り込んだ糊液は，冷却によりでん粉分子の直鎖部分が再凝集するときに水分子が押し出され，老化現象が始まると推察できる．この状態変化は，でん粉分子の水酸基や，これらと水との間の水素結合の変化に基づいている．高温下ではこれらの結合は崩れるが，低温下で生成するためである．

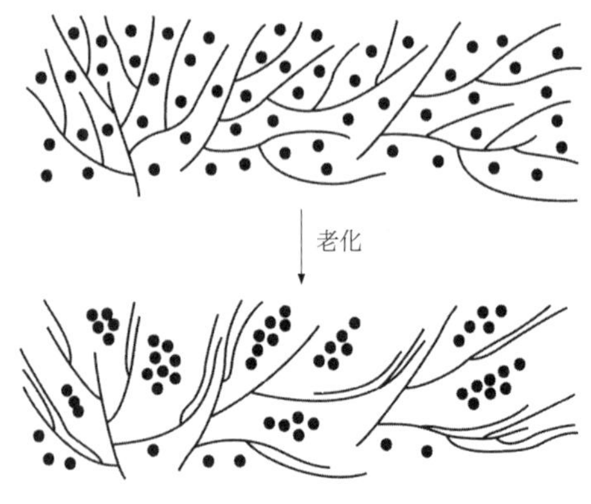

図 3.23　でん粉糊の老化に伴う離水の模式図
（T. J. Schoch, 1969）
黒い点は水分子を示す．

でん粉の老化現象は，でん粉分子の再結晶化はもとより，糊化時の高温から低温に移行する単なる温度変化による分子運動の減衰に伴う粘度上昇やゲル化までを含んで説明されることが多い．でん粉の老化は，膨潤分散したでん粉分子の再結晶（再組織化）部を核として凝集する過程ともいえるので，老化度は糊化度と同じ評価法で，糊化度の減少として測定される．すなわち，沈澱量や離水量の増大，透明性の低下，粘度やゲル強度の増大，X 線回析像の変化，熱的性質の変化，アミラーゼ消化率の低下，ヨウ素吸着能の低下などである．これらの評価法も糊化現象時と同様に長所，短所があり，そのうえ得られた値にかなりの相違が見られる．

5.2 老化に影響する要因

1) 温　　度

老化は60°C以上ではほとんど起こらないが，温度の低下とともに速くなる．これは，老化の原因とされるでん粉分子間の水素結合が低温ほど生成しやすいためである．それにはでん粉鎖や水分子の運動性の減衰を必要とし，凍結前の2～4°Cが最も老化しやすい．食品はチルド流通されることが多いが，チルド温度はまさにこの温度帯に相当する．

でん粉糊液中の多くの水が氷結晶となる−20°C以下になると，老化は阻害され，長期にわたり性状の変化が見られなくなる．しかし，糊化後長時間放置された糊液や微量のショ糖などの親水性物質が共存する系では，完全に老化を阻止できない．老化を避けるには，糊化後急速に温度を下げ，最大氷結晶生成帯を速やかに通過させることが必要であり，冷凍食品製造時の基本となっている．

また冷やさなくても老化は非常にゆるやかに進行するが，この場合の分子結合力は低温時に比べて強く，再加熱によって再糊化しにくい．

2) 水　　分

でん粉の糊化に水が不可欠のように，老化の場合にもある程度の自由水が必要である．水分10～15%以下の乾燥状態では分子が固定された状態になり，老化は起こらない．糊化乾燥米や米菓などはこの原理を応用した食品で，糊化しながら乾燥し，また即席麺も高温油中で糊化，脱水して製造する．これら糊化済み食品は，吸湿を避ければ長時間保存しても喫食できる．高水分では老化を起こしにくいが，水分30～60%程度では分子会合する機会が増え，最も老化を起こしやすい．主食となる米飯，麺，パンはこの水分帯である．

一般に，水分が多く希薄なでん粉糊液は，長時間の放置で老化して沈澱する．5～20% 濃度の糊液ではゲル化し，老化が進むと離水する．濃度がさらに高くなると全体が硬くなり，時間とともに乾燥してますます硬くなる．米飯のボソツキ，ギョウザやシューマイの皮が硬くなるのはこの例といえる．

3)　pH

コーンスターチの糊化前に pH を調整すると，老化した糊液の離水性は pH 2 が最も速く，pH の上昇につれて遅くなる傾向がある．一般に水素結合はアルカリ側では切れやすい．逆にいうと，酸性側では水素結合の形成が阻害されにくいので，でん粉の老化は pH 2 付近で最も促進されると考えられる．

4)　分 子 形 態

糊化してでん粉粒から溶出するアミロースは本質的に直鎖分子であるために，容易に会合して沈澱しやすく，再加熱によっても溶解しにくい．しかし，アミロペクチンは複雑な分岐構造をもっているので，糊化後は結晶しにくい．そのため，アミロペクチンは老化に長時間かかるので，糊化でん粉の老化はまず，溶出したアミロース分子から起こると考えられる．

2% 糊液を 0～2°C で 30 日間静置した場合の沈澱量は，コーンスターチ 62%，小麦でん粉 52% で，馬鈴薯でん粉 20% で，タピオカでん粉の 13% に比べて大きく老化しやすい[23]．これは，穀類でん粉はイモ類でん粉よりアミロース含量が高く，そのうえ内部油脂含量が高いことなどが原因といえる．また，ワキシーコーンスターチの沈澱量はわずか1%に過ぎず，これはアミロースを含まず，アミロペクチンより成るためである．でん粉の種類による老化の難易は，離水性やアミラーゼ消化性でも，ほぼ同じような傾向にある．ただ，馬鈴薯でん粉は高濃度（30%）では穀類でん粉に比べ老化しやすい傾向を見せる．

5) 糊化の度合い

老化は，糊化したでん粉鎖の再凝集とその結晶化の過程といえる．分子の会合の機会が多いほど起こりやすいので，糊化の度合いが大きく影響する．図3.24に各種でん粉を100°Cで5分および30分加熱した5%糊液を0°Cで1時間保存し，グルコアミラーゼ法で測定した糊化度を示すが，明らかに30分加熱糊液の方が老化しにくい．

このことは，高水分下で充分に糊化し，でん粉粒が崩壊，分散する方が老化しにくいことを示している．実際的には，強力な機械的剪断力やレトルト処理により粘度低下した方が老化しにくくなる場合が多い．また，水産ねり製品などでは，でん粉がやっと膨潤した

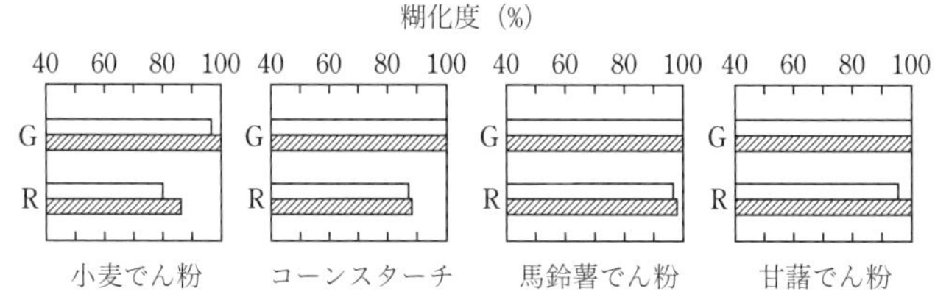

図3.24 各種でん粉の老化の加熱時間依存性（グルコアミラーゼ法による）（檜作ら，1972）
▭，100°C，5分加熱；▨，100°C，30分加熱．
G，加熱直後；R，0°C，1時間保存．

程度であるため，食感には優れているが保存時には老化し品質低下しやすくなる．

6) 共存成分

でん粉の老化は糊化とは逆の関係にある．このため，糊化に影響を与える糖質をはじめとする調味料，塩類，タンパク質や脂質などは一般に老化とは逆の影響を与える．たとえば，ショ糖の添加は老化を抑制するが，これは主にショ糖の自由水の捕捉効果とでん粉分子の再結合の阻害効果によるものと考えられる．糖の equatorial-OH は axial-OH より溶液中の水の構造を乱さず溶け込み系内の水の構造化に働くので，でん粉鎖間の相互作用を抑制することから，equatorial-OH 数の多い糖ほど抑制効果が大きくなる．しかしショ糖添加量が 30% 以上になると，老化は促進される傾向を示すようになる．また糊化前の添加はでん粉粒の膨潤を抑制してしまうので，老化は逆に促進される．グルコースやデキストリン，ソルビトールなどの糖アルコールも老化抑制効果があるが，添加時期や使

表 3.6　6％コーンスターチ糊液の離水に及ぼすショ糖脂肪酸エステルの影響（前沢ら，1963）

HLB	離水率 (%)	
	3 日 目	6 日 目
5	2.8	8.2
7	4.7	8.5
9	6.4	16.0
11	12.3	21.3
13	16.2	19.1
対照	11.2	18.6

添加量は 0.5%，添加時期は糊化前．

用量によっては逆効果になる.

糊化温度の上昇や膨潤抑制作用を有するショ糖脂肪酸エステルなどの界面活性剤は，表3.6に示すように，HLB（親水性-疎水性バランス）が低いほど離水性の抑制など老化防止に役立つ．この作用は，界面活性剤がでん粉粒同士の凝集や粒表面からの水分蒸発を防止することもあるが，むしろ脂肪酸残基がでん粉鎖に包接されて複合体を形成し，でん粉鎖の運動性の制約と立体障害によってでん粉鎖同士の会合を阻害するとともに，界面活性剤の親水基がでん粉鎖末端近傍の水を構造化して阻害するように働くためと考えられる.

塩類の効果は，糊化を促進する能力とは反対の関係にある.

5.3 老化の抑制策

でん粉質食品の保存時の劣化は，含有されている糊化でん粉の老化によることが大きい．そのためでん粉の老化が起こりやすい水分，保存温度や糊化の度合いなどの条件を避け，あるいは老化抑制剤として糖や界面活性剤の併用，さらにワキシーコーンスターチやもち米粉の添加等，また，極度な物性変化がない程度に限定分解するとある程度老化を防ぐことができる．しかしより積極的には，水和性が高く立体障害ででん粉分子が再凝集しないような加工でん粉も開発，市販されている.

逆にでん粉の老化を利用した食品に「はるさめ」がある．最近は老化させて消化性を低下させて低エネルギーを訴求する工夫も行われる．ハイアミロースコーンスターチをゲル食品に利用することなどは，今後の課題である.

6. 膨　化　特　性

濃度40～45%のでん粉ゲルを直接高温で，あるいは乾燥した後に焙焼すると，大きくふくれる．このでん粉自身の膨化力を利用した食品が米菓やえびせんべいである．でん粉の膨化現象は，でん粉の主成分であるアミロペクチンのねばり（伸展性）を生む分子間相互作用力と，乾燥でん粉ゲル中の水分や空気の加熱による膨圧とのバランスによるもので，これが崩れると膨化し過ぎて飛び散ったり，反対に，全く膨化しなかったりすることになる．そして，膨化時におけるアミロペクチンのねばりには原料でん粉の性質，でん粉ゲルの調製条件や乾燥条件，焙焼条件などの影響が大きい．

一般的に，高温度で作られたでん粉ゲルほど膨化時の容積は大きい．また膨化時の水分もコーンスターチや小麦でん粉で8～10%，馬鈴薯や米でん粉で12～14%，ワキシーコーンスターチやもち米で

表3.7　各種でん粉の膨化品の容積，硬さおよびアミログラフによる粘度（杉本ら，1974）

でん粉の種類	膨化品容積 (ml/g)	硬　さ (kgf/cm^2) (×MPa)	8% アミログラフの粘度 (BU)	
			最高粘度	粘度低下値*
馬鈴薯	7.2	8.0 (0.78)	2,500	1,560
甘藷	6.7	10.6 (1.04)	1,380	340
タピオカ	6.9	12.2 (1.20)	1,220	700
ワキシーコーンスターチ	5.0	2.1 (0.21)	1,020	620
コーンスターチ	3.8	13.0 (1.27)	780	80
小麦	3.3	12.0 (1.18)	420	0
ハイアミロースコーンスターチ	1.3	38.9 (3.81)	90	0

*最高粘度と95° C粘度との粘度差.

ん粉では20〜22%での膨化が最大になる．表3.7に，すべての調製条件を一定にしたときの各種でん粉の膨化容積や硬さ，アミログラフの特性値を示す．アミログラフの最高粘度や粘度低下の大きいでん粉ほど膨化容積が大きい．また膨化品の組織は，馬鈴薯でん粉やワキシーコーンスターチでは薄いフィルム状の均質な膜で大きくふくれているが，膨化しにくいハイアミロースコーンスターチでは糊のままで，ふくれていない部分が多く見られるように，組織構造の差が，膨化品の硬さにも影響することになる．

膨化容積は，膨潤力や粘度が著しく大きく，低温で糊化しやすい馬鈴薯でん粉が優れているが，添加物の影響も糊化特性と同様に無視できない．たとえば，食塩は膨化容積を大きく，硬さを小さくする．ショ糖やグルタミン酸ナトリウムも硬さは小さくする傾向にあるが，有機酸はやや硬くする．膨化品の品質としては膨化力，食べたときのソフト感，口溶けのバランスが重要となる．

7. フィルム特性

でん粉糊液を開放したまま長時間置くと，乾燥ゲルであるフィルムができる．

各種でん粉のフィルムの強度，伸度に糊化条件が及ぼす影響を図3.25に示す．加熱温度の上昇に伴い，各種でん粉の伸度は上昇する傾向にある．しかし，強度はコーンスターチを除いて，115°Cの加熱では低下する．でん粉のフィルム伸度はでん粉粒の崩壊，分散が進むにつれて増大するが，強度は適度の分散状態で最大値を示しているといえる．各種でん粉のフィルム強度，伸度が加熱条件の影

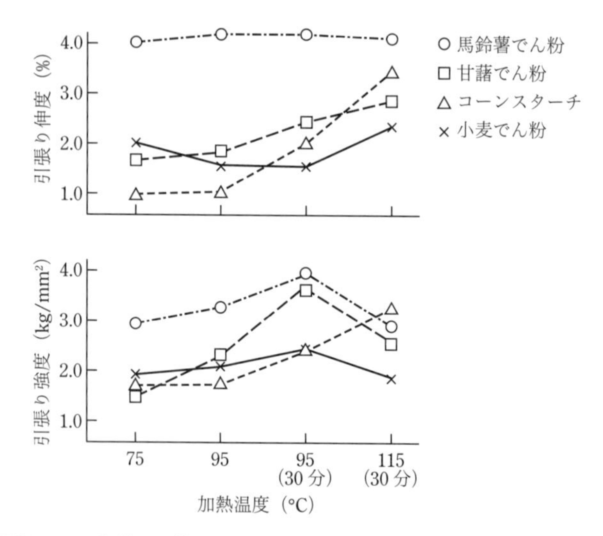

図 3.25　各種でん粉フィルムの引張り強度と伸度（高橋禮治，1974）

響を強く受けるなかで，馬鈴薯でん粉はこれらの影響をあまり受けず，強度，伸度とも高く透明なフィルムを形成するので，古くからオブラートの原料として利用されてきた．

普通のでん粉のフィルム強度，伸度は弱いが，セルロースに似た構造を有するアミロース成分を多量に含有するハイアミロースコーンスターチは，フィルム形成性に優れている．アミロースフィルムは湿潤状態では弱いが，乾燥時はセロファンなどと同等の強度を示すようになる．すなわち，引張り強度は 6.5～7 kgf/mm^2（63.8～68.7 MPa），伸度は 13% を示し，そのうえガス透過性もセロファン膜とほとんど変わらない[24)]．アミロースフィルムは可食性が大きな特徴で，添加剤の併用や成膜方式法等の改良が進められている．

表 3.8　市販でん粉の糊化，老化特性

	性　質	コーンスターチ	小麦でん粉	馬鈴薯でん粉	タピオカでん粉	ワキシーコーンスターチ
糊化特性	糊化温度（°C）*	75～80	80～85	60～65	65～70	65～70
	最高粘度（BU）*	600	300	3,000	1,000	800
	膨潤力（95°C）	24	21	1,153	71	64
	溶解度（%，95°C）	25	41	82	48	23
粘稠性	糊粘度	中　間	やや低い	非常に高い	高　い	やや高い
	テクスチャー	ショート	ショート	ロング	ロング	ロング
	耐剪断力	中　間	中　間	やや低い	低　い	低　い
老化速度		高　い	高　い	やや低い	低　い	非常に低い
フィルム特性	透明性	乳白色（不透明）	乳　濁	非常に鮮明	全く鮮明	かなり鮮明
	柔軟性と強度	低　い	低　い	高　い	高　い	高　い

* 5% アミログラム（図 3.9 参照）.

しかし，湿潤強度の増大やヒートシール性，コスト等の点から商業化には至っていない.

市販の代表的でん粉の糊化，老化特性を表 3.8 にな比較してまとめる.

8. 健　全　性

でん粉を食品に使用されるので，物性とともに安全性や消化性などの食品としての健全性が重視される.

でん粉は大型の整備された工場で連続生産され，製造時間も短く，製品水分も 13～18% の低い状態で保管されているので，微生物による汚染は非常に少ない. 厚生労働省監修『食品衛生検査指針』（日本食品衛生協会から市販）に基づいて一般生菌数，耐熱性菌数や大腸菌（群）が測定される．ただし，でん粉糊液は2次汚染でバクテリアが容易に増殖するので，微生物管理が必須である．

また，でん粉の原料となるイモや穀実の農薬やポストハーベスト用薬剤などについても，最近では規制が強化されている．穀粉などのドライミリングとは異なり，大量の水を使用するウエットミリングによりでん粉は製造されているので，安全性は高い．

でん粉粒の消化性は，でん粉の種類によって異なる．動物実験によれば，コーンスターチや小麦でん粉の消化性は，馬鈴薯などのイモ類でん粉に比べて優れている．この傾向はX線回析像のA形，C形，B形の順に低下[25]しているが，これは粒の大小，表面状態や粒内の分子の配列状況など粒構造，タンパク質や脂質含量の違いによるものと推定される．

糊化でん粉では，いずれのでん粉もすべて消化しやすくなる．しかし，食品によっては糊化時に水分が少ない，加熱時間が短い，あるいは調理加熱後の放置時間が長く老化しているなどのことから，アミラーゼ消化性が低下していることもある．

従来，でん粉は小腸内で消化吸収されエネルギー源となり，他は体外に排泄されるものと考えられてきた．しかし1980年代になり，小腸内での消化吸収を逃れて大腸に達したでん粉は，腸内細菌により短鎖脂肪酸を生産するという食物繊維と同様な生理栄養学的知見が得られ，これらのでん粉は難消化性でん粉（レジスタントスターチ；RS, resistant starch）と呼ばれる．消化性の程度により易消化性，部分的難消化性，難消化性，あるいは硬い組織に囲まれて物理的に酵素消化しにくいもの（RS1），未糊化やアミロースが高含量で消化酵素に抵抗性を示すもの（RS2），老化により酵素消化されにくくなったもの（RS3），化学修飾により酵素消化されにくくなったもの（RS4）の4種などに分類されることがあるが，でん粉の調理加工中にもRSの生成が見られる．これには，アミロースや適度な重合度の直鎖分子の老化が主に関与しているとみられる．でん粉はわれわれの食生活の主要なエネルギー源であるのみならず，糊化や老化条件によっては食物繊維様の生理作用をも有するようになり，消化性のみで栄養学的評価をするのは難しい．冷ご飯のお茶漬けなどは，嗜好性だけでなく案外合理性のある食事形態かもしれず，レジスタントスターチを配合したパンを始めとする各種食品や，通常より側鎖が少なく結晶を高めて難消化性にした米等の開発とともに，今後の工夫や食品加工への応用が期待される．

引用文献

1) 中村保典，応用糖質科学，**2**, 23 (2012).
2) 竹田靖史，調理科学，**40**, 357 (2007).
3) 川越靖，化学と生物，**51**, 478 (2013).
4) 川上いつゑ, "デンプンの形態", 医歯薬出版 (1975), p.181.
5) Y. Takeda *et al.*, *Carbohydr. Res.*, **168**, 79 (1987).
6) 二國二郎, 澱粉科学, **22**, 90 (1975).
7) 檜作進, 澱粉科学, **35**, 185 (1988)；竹田靖史, 調理科学, **40**, 357 (2007)；T. Noda *et al*, *J. Appl. Glycosci.*, **51**, 241 (2004).
8) D. J. Gallant *et al.*, *Carbohydr. Polm.*, **32**, 177 (1997); *Eur. J. Cin. Nutr.*, **46**, S3 (1992).
9) 奈良省三ら, 農化, **43**, 570 (1969).
10) N. N. Hellman *et al.*, *J. Am. Chem. Soc.*, **72**, 5186 (1950).
11) P. Tomasik *et al.*, *Adv. Carbohydr. Chem.*, **47**, 279 (1989).
12) K. Takahashi *et al.*, *Agric. Biol. Chem.*, **46**, 2505 (1982).

13) 杉本温美ら, 澱粉科学, **35**, 179 (1988).
14) 鈴木徹, 日食工誌, **8**, 47 (2007).
15) J. W. Sullivan *et al.*, *Cereal Chem.*, **41**, 73 (1962).
16) 高橋幸資，澱粉科学，**29**, 56 (1982).
17) R. H. Stokes and R. Mills: Viscosity of Electrolytes and Related Properties, Pergamon Press, Oxford, p. 33 (1965).
18) A. Ito *et al.*, *Starch*, **56**, 570 (2004).
19) A. Ito *et al.*, *J. Agric. Food Chem.*, **54**, 10191 (2006).
20) T. Nakamura *et al.*, *J. Appl. Glycosci.*, **60**, 117 (2013).
21) K. Kinoshita *et al.*, *J. Appl. Glycosci.*, **55**, 89 (2008).
22) S. Sakauchi *et al.*, *J. Food Sci.*, **75**, C177 (2010).
23) R. L. Whistler *et al.*, "Polysaccharide Chemistry", Academic Press (1953), p. 256.
24) I. A. Wolff *et al.*, *Ind. Eng. Chem.*, **43**, 915 (1951).
25) 吉田実ら, 農化 , **37**, 337 (1963).

参 考 文 献

1. 中村道徳 , 澱粉科学 , **21**, 81 (1974), **21**, 230 (1974).
2. 檜作進 , "食品の品質と成分間反応", 並木満夫 , 松下雪郎編 , 講談社 (1990), p. 129.
3. 檜作進 , 食品工業 , (1 下), 89 (1969); 同 (2 下), 83 (1969).
4. 不破英次 , 調理科学 , **20**, 2 (1985).
5. 貝沼圭二 , "食品の物性", 第 12 集 , 松本幸雄 , 山野善正編 , 食品資材研究会 (1986), p. 231.
6. 久下喬 , "食品ハイドロコロイドの科学", 西武勝好 , 矢野俊正編 , 朝倉書店 (1990), p. 139.
7. 山田哲也 , "食品成分の相互作用", 並木満夫 , 松下雪郎編 , 講談社 (1980), p. 59.

Ⅳ　でん粉の加工と改質

1.　でん粉加工の必要性

でん粉の性質は原料となる植物の生育時の環境や貯蔵により変わり，利用する調理方法や加工条件によっても物性が変わることが多い．このため実情に適するように使用するでん粉や，加熱条件などを巧みに工夫して利用しているが，十分満足できていない．特に，食品工業が従来の手工業的製造方式から大型の製造設備の導入，プロセスの連続化と合理化，衛生管理と品質保証といった近代的な製造方式に変貌したために，でん粉に対する要求もきびしくなっている．その上，生活スタイルの変化でインスタント食品，レトルト食品や冷凍食品などが量的，質的に拡大し，でん粉の種類を選択して適正化を図り配合比を変える等の従来の対応では，非常に困難になっている．

でん粉を加熱糊化して食品に利用する場合の特徴は次のようであるが，これは裏返せば不十分な点でもある．

(1) 冷水，温水に不溶➡加水だけで増粘効果が期待できない．

(2) 加熱により膨潤分散して糊化➡糊化の進行に伴い粘度上昇するので一定の粘度が保持できない．

(3) 撹拌，加圧により糊化が促進➡粘度低下が激しく，特にレトルト食品では顕著である．

(4) 保存により老化➡長期にわたる保存性，特に低温，冷凍耐性に乏しい．

このため，でん粉の機能をさらに助長し，あるいは改変して用途の拡大を図るために，でん粉の低分子化や粒構造の破壊，強化，改質など多様な加工技術（modification）が開発されてきた．これらは，使用する技術から酵素的，物理的，化学的加工に，また反応方式から乾式熱処理（乾式分解），糊化処理，湿式熱処理（湿式分解；不均一，均一）などに分類される．また，デキストリンや酸化でん粉など生成物の名称から分類されることもある．でん粉に各種加工を施して本来の構造や物性の一部を改質したでん粉を「天然でん粉」に対して「加工でん粉」（化学的加工 chemical modification の場合，「化工でん粉」と呼ぶこともある）と呼び，「改質でん粉」，「変性でん粉」（変性はタンパク質の立体構造の崩壊を意味するので適切ではない）ともいわれる．天然でん粉を植物組織体中に存在するままの物性を有しているものと定義づけると，小麦でん粉には原料小麦粉に由来するアミラーゼが吸着し，コーンスターチでも浸漬液中の亜硫酸の影響を受けているなどのように，市販でん粉は天然でん粉といえず加工でん粉の範疇に入ってしまうので，通常 2 次処理を行ったものを加工でん粉という．この場合，ぶどう糖や異性化糖などの糖化品や発酵製品は除き，重合度 10 以上の高分子物質を対象とするのが通例である．

国内におけるデキストリン類を除く加工でん粉の需要量は 2021 年では約 29 万 t で，輸入品（約 43 万 t，2019 年）と合わせると約 72 万 t（農林水産省 2022 年）が供給されている．このほとんどは製紙，繊維関係の工業用で，食品向けは少ないと推定される．また原料でん粉はタピオカ，馬鈴薯，コーンスターチ，ワキシーコーンスターチや小麦でん粉などすべてにわたっている．なおデキストリン類の最近10年間の輸入量は約1.3〜2.3万tとなっている．次に，主な加工でん粉について，その改質方法に従って述べる．

2. 分　　解

2.1 乾 式 分 解

乾燥状態のでん粉は，糊化の現象は示さず100℃以上の高温領域で融解の相転移を示すようになる．これは低水分で糊化の場がなくなり，でん粉の構造が安定化され，高温度でついにはでん粉粒が固体から液体に転換するためである．このとき，高まった熱振動が構造の弱い部分に集中して，でん粉鎖の解裂ももたらす．高温領域におけるでん粉の構造変化は，通常 ①高次構造の変化，②グルコース鎖の解裂および／または再結合，③グルコース残基の熱分解および／またはその酸化的熱分解の反応が不可分に起こる．つまり，低水分量でん粉の固-液相転移では，少なからずデキストリン化が進行する．実際に，でん粉にごく少量の塩酸などの揮発酸溶液を加えてよく混和し，低温乾燥した後120〜180℃で加熱すると，しだいに冷水可溶性成分が増加する．さらに加熱すると色は白色から淡黄色に変化し，ついには茶褐色となりすべて冷水に溶けるようになる．この処理を焙焼と呼び，この一連の製品がでん粉の乾式分解物で，焙焼デキストリンと呼ばれる．

焙焼デキストリンは，1821年，イギリスのダブリンの紡績工場の火災時，倉庫内にあった馬鈴薯でん粉の焦成物が冷水に溶け，粘稠性の強いガム状物質として発見され，ブリティッシュガムと呼ばれて工業化が始まった．わが国でも明治末期（1910年頃）より生産され始め，現在まで続いている．加工でん粉の嚆矢（こうし）（さきがけ）といえる．

でん粉の焙焼時における構造変化は非常に複雑であるが，図4.1のようにとらえられる．すなわち，焙焼の始めは主として加水分解反応が起こり，さらに加熱が進むに従い分解した還元末端のグルコースが分子内で脱水され1, 6アンヒドログルコース（グルコサン）となり，容易に他の分子と反応し再重合を起す．このとき結合部位の変換も起こりうるので，焙焼デキストリン中にはでん粉本来の結合であるα-1, 4およびα-1, 6グルコシド結合と異なる結合も生成し，分岐構造が多数あるデキストリンができる．しかし，これらの反応は上述の通り逐次的に起こるのではなく，位相のずれはあるが並列的に起こるので，目的に応じて望む反応を優勢的に起こす条件の工夫と調整が必要である．

焙焼方式にはでん粉粉末を流動層で浮遊焙焼する方式，回転釜方式，棚式，二重釜方式，蒸気加熱撹拌釜や連続焙焼装置も使用されているが，いずれも一長一短があり，基本的には120～180°Cで，でん粉粉末を均一にムラなく加熱することが要求される．加熱時間は設備により数分～半日程度である．焙焼によるデキストリン化が進むにつれて，でん粉分子は短くなるので，ヨウ素反応は青藍色から赤褐色，無色へと変化し，溶解アルコール濃度や還元力は高くなる．これらの特性値に対応してアミロデキストリン，エリスロデキストリン，アクロデキストリン，マルトデキストリンと従来は分類，呼称されていたが，現在では用いられていない．デキストリン

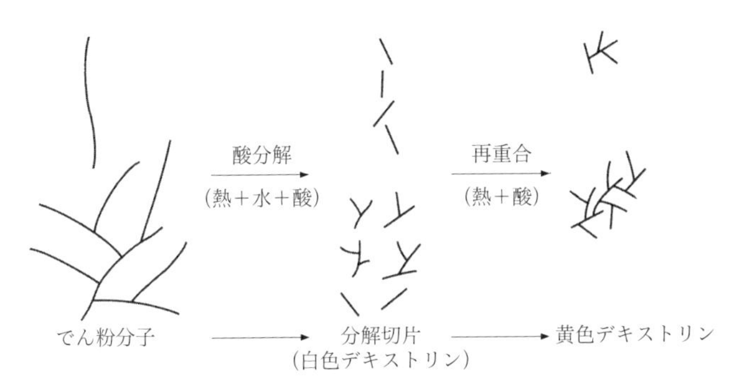

図 4.1　デキストリン焙焼中の分解と再重合（T. J. Schoch, 1967）

は，でん粉が熱，酸，酵素そのほかの作用によって分解された種々の分解生成物の総称であるが，一般には重合度 10 以下のオリゴ糖類は含まない．

焙焼工程を終えた後，直ちに冷却，適当な水分に調湿し篩（ふるい）分けして製品化する．原料でん粉には糊液の安定性や粘性から馬鈴薯でん粉，タピオカでん粉，ワキシーコーンスターチが好まれるが，最近ではコーンスターチも使用されている．

焙焼デキストリンは各種の成分が混在し，その成分比率も異なっているが，国内では次の 4 種類に大別し，市販されている．

(1) 焙焼ソルブルスターチ（A ソル）

白色粉末で冷水溶解度 30% 以下，加熱により透明に溶解して低粘性の糊液となるが糊液安定性はあまりよくない．

(2) 白色デキストリン

白色～微黄色の粉末で冷水溶解度 40～60%，焙焼ソルブルスターチに比べ溶解性にまさり，さらに低粘度（一般品で 50% 濃度で 1,000 cP (1.0 Pa･s)）で食品の増粘剤，ボディー形成に利用される．

(3) 黄色デキストリン

淡黄色～黄色粉末で冷水に完全に溶解し，50% 濃度の粘度は 150～300 cP (0.15～0.3 Pa･s) と非常に低い．「薬デキ」ともいわれ，日本薬局方に指定され医薬品や酵素などの希釈剤に使用される．

(4) ブリティッシュガム

加工でん粉第1号でもある無酸乾式分解による焙焼デキストリンである．現在ではコーンスターチを 120～130°C で脱水乾燥した後，さらに 200°C 位で高温焙焼して得られる黄～褐色の粉末で，冷水に完全に溶解して粘着性の強い水溶液となる．

乾式分解による焙焼デキストリン類は，次のような特徴がある．

(1) 糊液の粘性が著しく低い
(2) 糊液の安定性は分解度に応じて向上する
(3) 高濃度糊液は曳糸性(えいしせい)を有する
(4) 糊液の浸透性は良いが，フィルムはもろい
(5) 粘着性，接着性は強い
(6) 高分解度製品は完全に冷水可溶となる

しかし乾式分解のため，水洗などの精製が困難で特有の匂い，風味があるので，現在では食品用途は限定され，接着剤や繊維関係などの工業用途に広く用いられている．

2.2 湿式分解

でん粉糊液を酸や酵素で加水分解すると，各種の中間生成物から最終的にはグルコースにまで分解される．でん粉の分解程度は通常

DE（dextrose equivalent，固形分中のグルコース換算した直接還元糖％，すべてグルコースになると100）で表わされているが，DE 95～100に相当するグルコース製品や40～50の水あめは一般にでん粉糖に分類される．したがって，加工でん粉はDE 40以下の湿式分解物で，DE 10以下をデキストリン，DE 10～20をマルトデキストリン（アメリカでは20以下），20～40程度の粉末を粉あめとしている．これらのデキストリンを「酵素変性デキストリン」とも呼び（「酵素分解デキストリン」と呼ぶ方が適切），焙焼デキストリンと区別される．

この加工でん粉の製造の特徴は，でん粉を塩酸やシュウ酸などの酸や酵素（α-アミラーゼ）により完全に可溶化でき，精製が容易で安価なことである．原料でん粉には地下でん粉が多かったが，最近はコーンスターチを多く使用している．また酸分解，酵素分解のほか，酸と酵素の併用分解も行うが，それぞれ異なる糖組成の製品となり，特に酸分解ではオリゴ糖が多くなる傾向が見られる．分解方式にはバッチ式，連続式があり分解時間はそれぞれ異なる．所定のDEに加水分解した後，一般には活性炭による脱色，イオン交換樹脂による脱塩などの精製工程を経て，噴霧乾燥で粉末化し，篩別（しべつ）して製品とする．この一連の工程はコンピューター制御され，一貫した装置産業となっている．

これら分解物は共通して冷水に溶解するが，DEにより次のように性状が異なる．

(1) 甘味度：　砂糖の甘味度100に対しDE 10で10，DE 20で18とDEの増大に伴い上昇．

(2) 粘度：　50％濃度では，20°CでDE 10で200 cP（0.2 Pa･s），

DE 20 で 50 cP（0.05 Pa･s）と DE の増大に伴い低下.

(3) 吸湿性：　DE 10 粉末の潮解水分は 16%，DE 20 で 11% と DE の増大に伴い吸湿性上昇.

(4) 浸透圧：　DE 10 の 10% 水溶液で 60 mOsm（ミリオスモル），DE 20 で 130 mOsm と DE の増大に伴い上昇.

(5) 氷点降下：　DE 10 の 10% 溶液で −0.11°C, DE 20 で −0.25°C と DE の増大に伴い低下.

(6) 褐変性：　アミノ酸との加熱時の着色度は DE の増大に伴い上昇．そのため，褐変の起こりにくい水素を添加して還元したでん粉分解物（還元デキストリン）も市販されている.

(7) 平均分子量：　DE 10 で 1,700，DE 20 で 680（ちなみにグルコースは 180）と DE の増大に伴い低下.

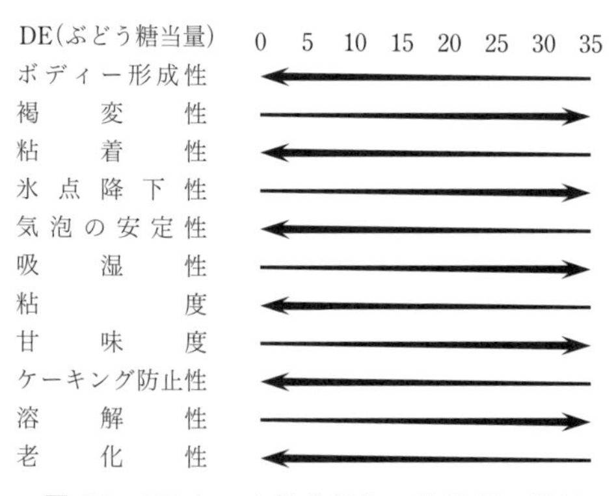

図 4.2　DE とでん粉分解物の諸性質の関係
（R. J. Alexander, 1992）

湿式によるでん粉分解物は，焙焼デキストリンに比べて若干甘味があるほかは無味，無臭で，冷水に溶解して低粘性であり，そのうえDEを指標として図4.2のように性状が連続的に変化するので，物性を推定でき食品設計しやすい素材といえる．このため固形分調節（水分活性の調節），甘味の調節，粉末化基材，食品の改良（濃厚感の付与），プレミックス品の分散剤，各種栄養剤の糖素材などとして多岐に利用される．

しかしながら同一DEでも，加水分解する条件によって異なる製品が得られる．図4.3のAは通常の市販品の分子量分布で，Bは分子量10^6以上の高分子画分が少ない改良製品である．高分子画分はでん粉の性質を残しているので，高濃度で使用する場合には糊状のテクスチャーを与え，老化しやすい．この画分の少ない改良品Bは，分子量分布が狭く老化しにくいのでアイスクリーム，シェークなどの冷菓に適している．

老化しにくいデキストリンに，分岐デキストリンがある．これにはワキシーコーンスターチを軽くアミラーゼで分解したワキシー

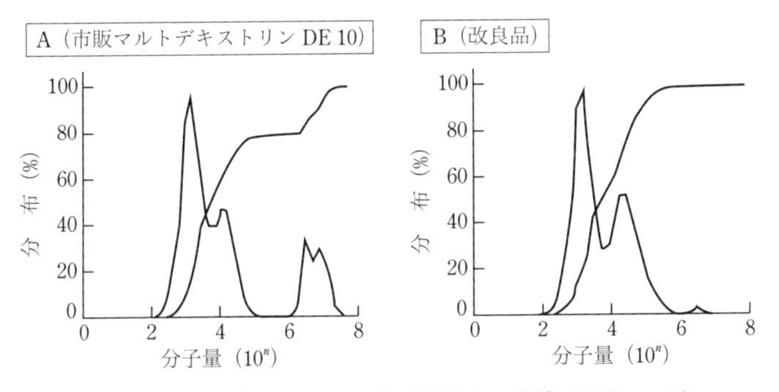

図4.3　加水分解条件による分子量分布の相違（大隈，1993）

型，通常のでん粉を分解しα-1, 6グルコシド結合を含む糖鎖を分取した分離型がある．また，DE 5～7程度の分解物が市販されているが，長期保存時にも白濁せず，耐冷凍性に優れている．

2.3　乾式分解と難消化性

焙焼デキストリンは分岐構造を多く含み，古くから各種アミラーゼ，特にヒトの消化酵素で分解されない成分の存在が推察されていた．馬鈴薯でん粉に塩酸添加後180°Cで焙焼したときの難消化性成分を高速液体クロマトグラフィーで測定すると，図4.4に示すように，デキストリン化が進むと難消化性成分が増加する．このとき，α-1, 4，α-1, 6グルコシド結合のほかにα-1, 2，α-1, 3グルコシド

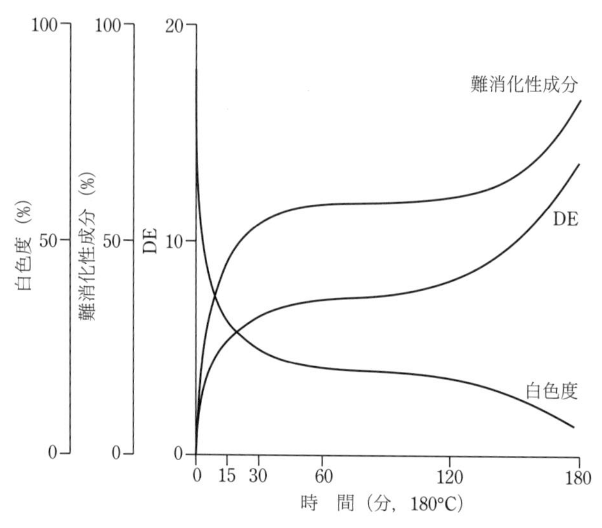

図4.4　加熱時間によるDE，難消化性成分，白色度の変化
（大隈ら，1990）

結合の増加も起こる．しかし，焙焼により着色が進み，収斂味(しゅうれんみ)が増し独特の加熱臭も強くなる傾向がある．

この水溶性食物繊維機能を有する難消化性デキストリンが，湿式分解時の精製方法を応用して製造されている．すなわち，焙焼デキストリンを水に溶解してpHを調整後，α-アミラーゼにより加水分解を行って低粘度化し，次に活性炭で脱色してろ過，イオン交換樹脂で脱塩，脱色，脱臭を行い，濃縮，スプレー乾燥して難消化性成分55%の乾燥製品とする．

焙焼時の難消化性成分量を増やすために，2軸エクストルーダーをリアクターとして使用する特許も公開されている[1]．すなわち，コーンスターチに1%塩酸を3～10%噴霧して均一混合し，水分6%まで予備乾燥後，スクリュー長さ：径＝20：1の2軸エクストルーダーで加熱処理する．この場合の回転数は150 rpm，出口品温は150°C，反応時間はわずか9秒で，難消化性成分は80%に達する．

古くからあるでん粉の乾式反応と湿式反応を複合させた難消化性デキストリンは，糖質の半分以下の低カロリーと水溶性食物繊維としての生理作用をもつ機能性食品素材といえる．

3. 低 粘 度 化

水に懸濁したでん粉に硫酸や塩酸，あるいは次亜塩素酸ナトリウムをでん粉が糊化しない条件で作用させ，粒形状を維持したままでん粉の加水分解，解重合，あるいは構成単位であるグルコピラノース環の開裂などの変化が起こる．これらの加工でん粉は粒状で，冷水には溶解しないが加熱すると容易に糊化し，低粘度の透明な糊液となる．このため可溶性でん粉とも呼ばれる．

可溶性でん粉の分解程度は乾式や湿式分解物に比べると小さく，でん粉とでん粉分解物の中間的大きさなので，性質も中間的で両者の特徴をあわせもつ利点がある．たとえば，粘性はでん粉分解物に類似して低いが，浸透性や皮膜の性状はでん粉に近く，ヨウ素呈色もでん粉と同じ青藍色である．使用目的に応じて，分解の程度も原料でん粉をわずかに分解したものから10% 濃度にしてもほとんど粘性を示さないものまで，広範囲の製品が販売されている．この低粘度化は，実用的には酸化と酸処理の 2 方法で行われている．

3.1　酸　　化

でん粉を酸化剤とともに処理する方法は，19 世紀末には早くも工業化され，製法の容易性から現在でもこの酸化でん粉が製造，販売されている．この間，酸化剤や反応方式の改良なども行われ，現在では次亜塩素酸ナトリウムをアルカリ性でん粉懸濁液に添加する不均一系反応が主体である．でん粉粒の膨潤を防ぐため温度 50°C 以下，pH 8～11 で反応を進め，目標粘度に達した時点で反応を停止，中和，ろ過，水洗，乾燥して製品化する．

次亜塩素酸ナトリウムによる酸化では，でん粉粒の非結晶部分に作用し，分子内にカルボキシ基（-COOH）とカルボニル基（>CO）の生成とともに分子の解重合が起こっていると推察される．このため酸化により，加熱による糊化開始直後からでん粉粒の溶解が容易に進み，生成した官能基により分子間の会合も阻害される傾向にある．酸化でん粉の一般的特性は次の通りである．

(1) 糊化開始温度は低く（図 4.5），糊液粘度も低い．

(2) 糊液の粘度安定性が高く，老化しにくい.

(3) 糊液の透明性，浸透性，被膜形成性が高い.

(4) 漂白効果により白度が向上し，また原料でん粉臭が低い.

(5) でん粉粉末の流動性が高い.

このような特性から，酸化度の低いでん粉はスナック食品やえびせんべいなどの膨化食品の食感改良に利用される．酸化度の高い低粘性品は，高濃度でも安定な性質を利用して，調味料，特に潮解性の強いみそや醤油などの粉末化基材，また米菓のつや出し，キャンディーの食感改良，麺類などの打ち粉などに使用されるが，これらはいずれも中間的分子量のもつ性質を利用している．また図 4.5 に見られるように，酸化度がわずかな場合には，糊化開始温度と粘性が上昇し，一種の架橋が生成するので膨潤抑制効果が求められる食品に利用される.

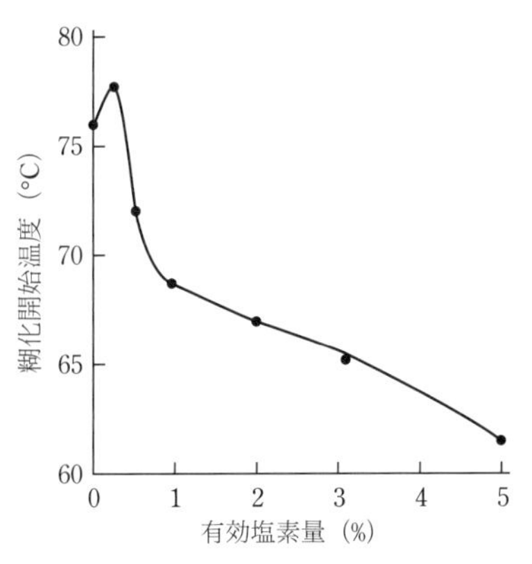

図 4.5 有効塩素添加量が酸化でん粉の糊化温度に及ぼす影響（鈴木ら，1969）

3.2　酸　処　理

酸処理でん粉は，でん粉を酸溶液に糊化温度以下で半日〜数日間浸漬し，次いで中和，水洗，ろ過，乾燥して作られる．外観は原料でん粉と変わらないが，加熱により透明な低粘度の糊液となることから，アメリカでは薄手糊でん粉（thin-boiling starch；粘性の高いでん粉は厚手糊でん粉，thick-boiling starch）と呼ばれている．この処理の指標として，流動度（粘度の逆数，fluidity）が慣習的に使用されるが，これは1% 水酸化ナトリウム溶液で糊化した5% 濃度でん粉液が一定時間にオリフィス型粘度計から流下する量で示される．

この酸処理でん粉は，リントナーでん粉（C. J. Lintner, 1986）として試薬用に古くから用いられている．たとえば，7.5% 塩酸または15% 硫酸に馬鈴薯でん粉を室温で7日，40°C では3日浸漬し，その2% 溶液が熱水で完全に溶解し，低粘度の透明な糊液となるのが標準である．

コーンスターチを各種硫酸濃度で酸処理すると，処理程度に伴い粘度は低下するが，24時間放置のゲル強度は，硫酸濃度1.0 g/100

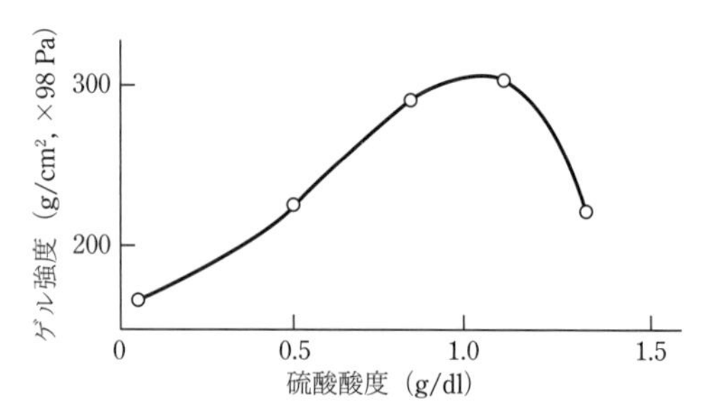

図 4.6　酸処理によるゲル強度の変化（高橋禮治，1974）

mLのときに未処理の約2倍になる（図4.6）．これは，酸によりでん粉粒内の非結晶部分が分解され粒構造が弱くなるので，加熱すると容易に分散，低粘度化するが，直鎖状の成分が増えて老化を起こしやすくなり，ゲル化能が増したためと考えられる．

この強いゲル化能が欧米では高い評価を受け，ガムドロップやスターチゼリーなどの製菓に利用されている．このでん粉原料には，老化性の強いコーンスターチやハイアミロースコーンスターチが優れている．しかし，一般的性質が酸化でん粉に比べて劣る場合が多いので，製造法が容易であるがわが国ではあまり評価されず，現在ほとんど製造されていない．

4. 糊化処理（α化）

糊化でん粉を乾燥したものは冷水でも元の糊液に戻せる．このでん粉をわが国ではαでん粉と呼ぶことがあるが，欧米での糊化済みでん粉（pregelatinized starch, precooked starch または instant starch）の呼称の方が正しい呼び方である．本書でも糊化済みでん粉と呼称する．でん粉を糊化し直ちに脱水，乾燥して水分10～15%以下の粉末状にしたものがすでに1908年に開発されている．ユーザーに代り化学反応を伴わずデキストリン化や低粘度化も起こさず，連続生産可能なでん粉の物理処理加工技術である．

工業的にはドラムドライヤー，エクストルーダーを用いて連続生産される．噴霧乾燥や凍結乾燥する方法もあるが，ドラムドライヤーが一般的である．ドラムドライヤーには図4.7で示すように，2本のホットロールを接合したダブルドラム式が主に用いられ

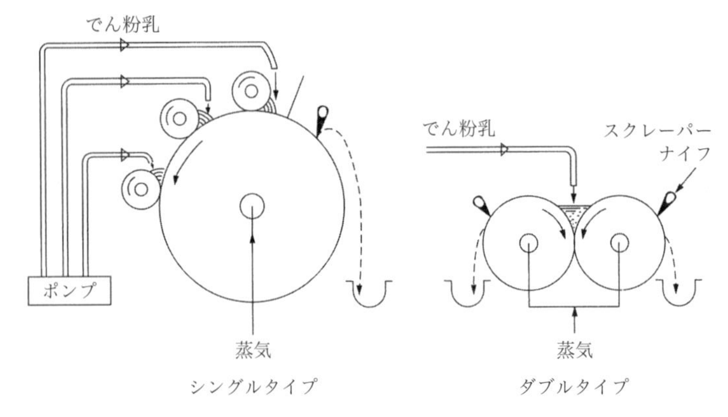

図 4.7　ドラムドライヤー

るが，メインロールにアプリケーションロールを 3〜5 本取り付けたシングルドラム式もある．150°C に加熱された回転ドラムの接合部にでん粉懸濁液を落下させる．でん粉はドラム間の谷間で直ちに糊化し，ロール表面で薄膜状に脱水乾燥し，ナイフでかき取り，粉砕，整粒して製品とする．ドラムドライヤーによる糊化は剪断力によるでん粉分子の切断がなく，完全な糊液組織のまま濃縮，乾燥と進んで老化が避けられるが，それでも糊液の物性再現性は 80% が限度とされている．糊化より乾燥に至る間の老化の回避が難しいためで，馬鈴薯でん粉やタピオカでん粉，ワキシーコーンスターチは膨潤溶解度が高く滑らかな糊液をつくるが，小麦でん粉やコーンスターチでは塑性の強い糊液しか再現し得ない．いずれにしても，供給するでん粉懸濁液の濃度や温度，ドラム温度や回転数，間隙などの条件による影響を受けやすく，同一原料，同一設備でも糊化，乾燥条件が異なる場合には図 4.8 のように製品粘度は変化しやすい．

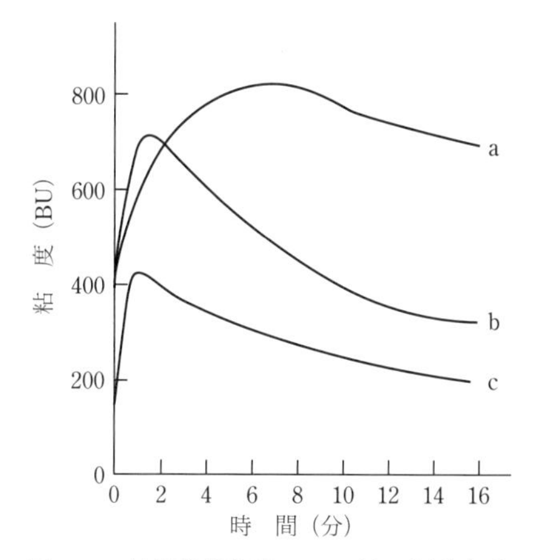

図 4.8 馬鈴薯糊化済みでん粉の製造条件と粘度（3% 濃度，25°C のビスコグラム）（小倉，1986）

スナックなどの糊化済み食品の製造に用いられるエクストルーダーは種々の利点も多いが，強い機械的剪断力を受けるのでドラムドライヤーに比べて粘度は低くなる傾向にある．

糊化済みでん粉では，冷水でも糊液となって高分子特性が得られるので，加熱せずに粘性，保水性，粘着性や保型性などの物性を必要とする用途に利用される．たとえば，フライ用バッターやケーキバッターの増粘，魚肉ねり製品の加熱時の保型性の向上などに使用される．またインスタントスープ，インスタントベーカリークリームなどのプレミックス，最近では誤えん防止のための増粘剤としても使用されるが，最大の用途は養鰻（ウナギ養殖）用飼料の粘結剤である．

5. 官能基導入

でん粉は図 4.9 に示すようにグルコース残基当たり 3 つの水酸基 (-OH) をもつ．でん粉の加工の主な方法の 1 つに，この水酸基に他の官能基を導入する方法がある．エステル結合（水酸基と無機酸あるいは有機酸との脱水縮合）で導入したものを「エステル化でん粉」，エーテル結合（水酸基の水素原子をアルキル基と置換）の場合を「エーテル化でん粉」といい，水酸基同士の結合（エステル結合とエーテル結合がある）の場合は「架橋でん粉」と呼んでいる．これらの官能基を導入した加工でん粉は「でん粉誘導体」であり，1900 年初頭より欧米で開発された．特に石油化学，高分子化学の発達に伴い，でん粉に種々の官能基や高分子の導入が試みられてきた．しかしながら産業的価値のあるものは少なく，特に食用でん粉では酢酸，リン酸，コハク酸によるエステル化，カルボキシメチル基やヒドロキシプロピル基の付加によるエーテル化したでん粉が，その代表例である．

両者には結合様式の違いによる物性の相違もあるが，多くは共通した性質を示す．すなわち糊化温度の低下，糊液の透明性の向上や成膜性の改善などである．これらの性質は導入する官能基の種類とその程度（置換度：グルコース残基当たりの置換基の数，degree of substitution, DS で表す．DS は最大 3 になるが，実用化しているものは 0.01〜0.1,

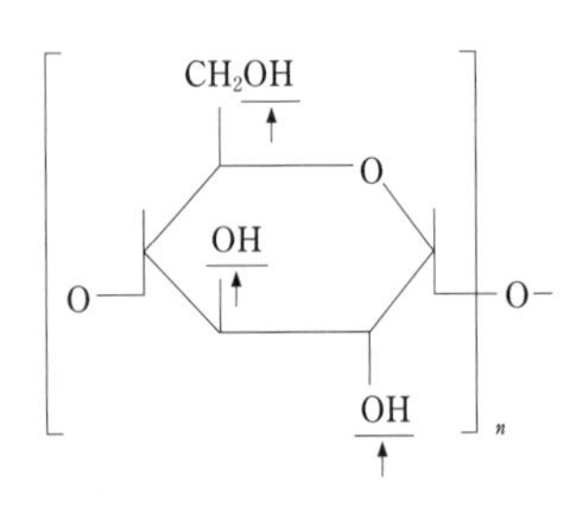

図 4.9　でん粉のアルコール性水酸基（OH）

すなわち100残基のグルコースに1〜10残基の官能基が付加している程度）で異なる．改質できる性質のなかで特に食品工業で重要なものは保存時の老化の抑制である．官能基の導入による老化性の改善は，官能基の導入で親水性が増し，立体障害ででん粉鎖の会合や再配列が阻害されるためと考えられる．

エステル結合はアルカリ性で加水分解されやすいので，エーテル結合に比べて弱く，たとえばコンニャクやラーメン工業では加工工程でアルカリ性になり効果が低下する．

5.1 エステル化

1) 酢酸エステル化

酢酸エステル化でん粉（通称，酢酸でん粉）は最も一般的な加工でん粉で，アメリカのFDA（Food and Drug Administration）ではアセチル基2.5%（DS約0.1）以下の無水酢酸または酢酸ビニルモノマーを用いて製造した酢酸でん粉が認可されている．これは，でん粉懸濁液にアルカリを触媒にして，無水酢酸または酢酸ビニルを添加して反応させる．アルカリには水酸化ナトリウム，炭酸ナトリウムが使用されるが，生成したエステルのアルカリによる加水分解を防ぐためにpH調節が必要である．反応後，副生成物などの不純物を充分水洗して除去，乾燥して粉末品とする．

$$\text{でん粉}-OH + (CH_3CO)_2O\ (\text{無水酢酸}) + NaOH \longrightarrow \text{でん粉}-O\overset{O}{\overset{\|}{C}}\cdot CH_3$$

$$\text{でん粉}-OH + CH_2{=}CHO\overset{O}{\overset{\|}{C}}\cdot CH_3\ (\text{酢酸ビニル}) \longrightarrow \text{でん粉}-OC\cdot\overset{O}{\overset{\|}{C}}H_3$$

DS 0.04 のコーンスターチでは，糊化温度は約 6℃，0.08 では約 14℃ 低下し，DS が高くなるにつれて低下効果は顕著になる．使用目的によって必ずしも DS が高いほど好ましいとは限らない．たとえば，適度な粘弾性を必要とする場合には，DS が高くなると弾力が減少して粘着性が強くなるので，用途や使用目的によって DS を選択する．

酢酸でん粉は耐老化性や透明性の改善された特性を生かして，焼き鳥やみたらしだんごのたれ，冷凍麺の食感改良と安定化，冷凍卵焼の離水防止などに利用される．

2)　オクテニルコハク酸エステル化

でん粉は親水性高分子なので乳化能はないが，粘度を高めてエマルションを安定化させる働きはある．オクテニルコハク酸でん粉は乳化力があり乳化安定性もよい加工でん粉である．

でん粉懸濁液をアルカリ性下，オクテニルコハク酸無水物で処理すると，親水基と疎水基が共存するオクテニルコハク酸でん粉が得られる．DS は酸無水物の添加量により変えられるが，FDA 基準は対でん粉当たり 3% 以下としているので，食品用はこの基準内にある．

$$\text{でん粉}-OH + \begin{array}{l} CH_3(CH_2)_4CH=CH\cdot CH-C(=O) \\ \qquad\qquad\qquad\qquad\quad | \qquad\quad \diagdown O \\ \qquad\qquad\qquad\qquad\quad CH_2-C(=O) \diagup \end{array}$$

（オクテニルコハク酸）

$$\longrightarrow \text{でん粉}-O-\overset{\overset{\displaystyle O}{\|}}{C}-\overset{\overset{\displaystyle CH_2COONa}{|}}{CH}-CH_2CH=CH(CH_2)_4CH_3$$

オクテニルコハク酸でん粉は，未反応でん粉に比べて糊化温度はやや低くなるが，粘性は上昇し保存安定性も向上し，親油性も向上してエマルションを形成しやすい.

3) リン酸エステル化

リン酸エステルには，モノエステル型とジエステル型（架橋型）の2つのタイプがある．わが国では昭和39年（1964年）にでん粉リン酸エステルナトリウムが食品添加物として認可された．食品添加物規格では，結合リンとして0.2〜3%，でん粉と結合していない遊離のリン含量は全体の20%以下，食品への添加も単独，あるいは他の添加物と併用しても合計量は食品の2%以下と規定されている．馬鈴薯でん粉は約0.1%の結合リンを含有しているが，食品として取り扱われ使用基準はない．

モノエステル型は通常，オルトリン酸などのリン酸塩の水溶液をでん粉に散布，または，水溶液に浸漬後，予備乾燥し，130〜160°Cで2〜6時間加熱して得られる．DSが上がるにつれ糊化しやすくなり，DS 0.05付近から冷水で膨潤し始める．糊液は高粘性を示し透明であり，保水性が強く老化しにくいので耐冷凍性にも富んでいる．しかし，電解質のために食塩や酸の影響を受けやすく，食品用としての需要は少ない．通常，リン酸でん粉は乾式法で作られた冷水可溶のモノエステル型が多く，ジエステル型は全く異なった挙動を示し，「架橋でん粉」といわれる（5.3項で詳述）.

$$\text{でん粉}-OH + NaH_2PO_4 \longrightarrow \text{でん粉}-O-\overset{\overset{\displaystyle O}{\|}}{\underset{\underset{\displaystyle OH}{|}}{P}}-ONa$$

（オルトリン酸ナトリウム）

5.2　エーテル化

1)　ヒドロキシプロピルエーテル化

FDAでは，プロピレンオキサイドをでん粉に対して25%（DS約0.7）以下の量で反応させたヒドロキシプロピルでん粉の食品への利用が認められている．反応系としては固相反応，ペースト反応，有機溶媒系や水懸濁系などがある．食品用は，水酸化ナトリウムなどを触媒として水懸濁系で反応させ，未反応物や不純物を水洗して除去する．この水洗やろ過を容易にするためにでん粉粒が膨潤しないようにpHや温度条件などが設定される．

でん粉$-OH + CH_2-CH-CH_3$（CH_2とCHがOで結ばれた環：プロピレンオキサイド）$\longrightarrow$ でん粉$-O-CH_2CH_2CH_2OH$

でん粉へのヒドロキシプロピル基を導入すると親水性が増大する．DS 0.1で糊化温度は約10°C低下し，水とともに加熱すると，でん粉粒は容易にこわれて均一な糊液になる．その流動曲線は擬塑

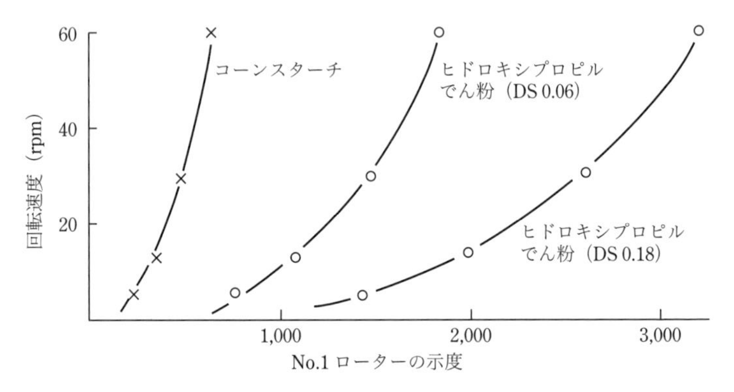

図4.10　各種でん粉のB型粘度計による流動曲線（高橋禮治，1974）

性流動（図 4.10）を示し曳糸性（えいしせい）も増大し，ロングボディーなテクスチャーを示す．糊液は冷却しても透明性を保持し，耐冷凍性にも優れている．

ヒドロキシプロピルエーテルは，酢酸エステルよりも高い DS の製品設計も可能で，耐老化性，透明性，フィルム形成能やコーティング能を必要とする用途に適するため，加工食品に広く使用されている．

2) カルボキシメチルエーテル化

でん粉にアルカリの存在下，モノクロロ酢酸またはモノクロロ酢酸ナトリウムを作用させて得られ，CMS の略称で呼ばれている．わずかな官能基の導入で糊化温度の低下，粘度の上昇や透明性の向上があり，DS 0.15 付近から冷水でも膨潤する．

$$\text{でん粉}-OH + \underset{\text{(モノクロロ酢酸ナトリウム)}}{ClCH_2COONa} \longrightarrow \text{でん粉}-OCH_2COONa$$

昭和 38 年（1963 年），わが国ではでん粉グリコール酸ナトリウムの名称で食品添加物として認可された．しかし，リン酸でん粉と同様に高分子電解質であるので，塩や酸による影響を受けやすく，カルボキシメチルセルロース（CMC）と機能的に競争できないため，食品にほとんど利用されていない．

5.3 架　橋　化

でん粉に多官能基をもつ物質を作用させると，でん粉の水酸基を介して分子内，分子間に架橋が生成して，でん粉粒の膨潤や糊化を抑制する．架橋は機械的な撹拌や高熱にも安定で，酸による糊液の粘度低下も防止できるので，食品工業への非常に広範な利用につながる．

食用架橋でん粉の製造には，主にトリメタリン酸塩あるいはオキシ塩化リンが用いられる．どちらでも同じジエステル型のリン酸架橋でん粉ができる．前者では，でん粉粒が膨潤しない程度の温度で，後者では常温で反応させる．使用目的に応じて架橋剤の添加量を調節して架橋度が変えられるが，グルコース 1,000 残基に 1 残基の架橋でもその効果が見られる．リン酸架橋はアルカリ性下で行うので，製品のリン含量は原料でん粉より低下する場合が多い．

$$2\text{でん粉}-OH + \underset{(\text{オキシ塩化リン})}{POCl_3} \longrightarrow \text{でん粉}-O-\overset{\overset{\displaystyle O}{\|}}{\underset{\underset{\displaystyle OH}{|}}{P}}-O-\text{でん粉}$$

$$2\text{でん粉}-OH + \underset{(\text{トリメタリン酸ナトリウム})}{\text{cyclo-}[O{=}P(ONa){-}O{-}P(=O)(ONa){-}O{-}P(ONa){=}O]} \longrightarrow \text{でん粉}-O-\overset{\overset{\displaystyle O}{\|}}{\underset{\underset{\displaystyle ONa}{|}}{P}}-O-\text{でん粉}$$

でん粉のブラベンダーアミログラムは，わずか 0.0025% の添加でも変化し，低架橋度では添加量の増大に伴い粘度は上昇する（図 4.11）．しかし，0.02% を過ぎると粘度は低下し，0.08% では粘度はあまり上昇しない．これは，低架橋度では膨潤したでん粉の崩壊や分散が抑制され，0.02% で最高粘度と粘度安定性が最も高まる．しかし，高架橋度では，でん粉の膨潤が強く抑制されて粘度が低下し，徹底的に架橋すると加熱しても全く膨潤しない．

また，表 4.1 に 8% 各種加工でん粉糊液の撹拌による粘度変化を示

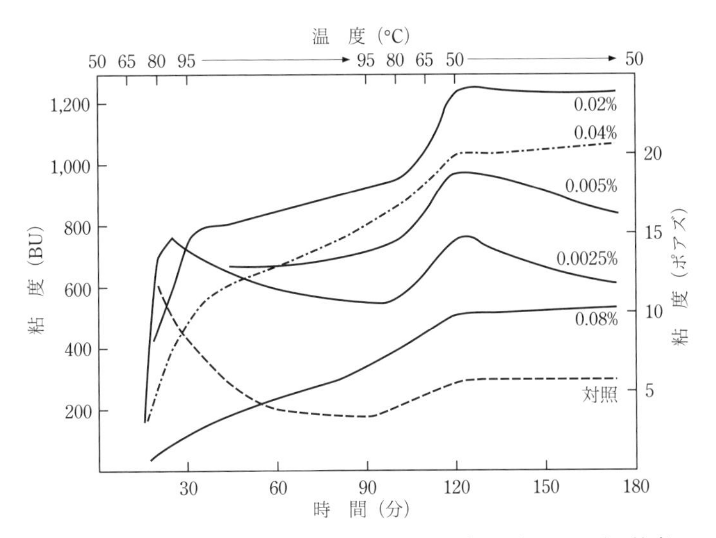

図 4.11 架橋度の変化がワキシーモロコシでん粉のブラベンダー粘度に与える影響(図中の数値はでん粉に対するトリメタリン酸塩の添加率)(T. J. Schoch, 1967)

表 4.1 各種加工でん粉の粘度 [cP, (Pa·s)] に及ぼす撹拌力の影響(高橋, 1974)

	300 rpm 撹拌	800 rpm 撹拌	ミキサー撹拌
架橋でん粉			
オキシ塩化リン 0.07%	5,200 (5.2)	4,700	240
〃 0.003%	4,200 (4.2)	3,200	190
未処理コーンスターチ	3,200 (3.2)	1,120	115
ヒドロキシプロピルでん粉			
DS 0.036	1,700 (1.7)	810	110
〃 0.134	1,300 (1.3)	510	105

した.撹拌が強くなるといずれも粘度は低下するが,親水基を導入したヒドロキシプロピルでん粉に比べて,架橋でん粉の耐機械剪断抵抗力は大きい.これはでん粉粒の構造性の強化によるものである.

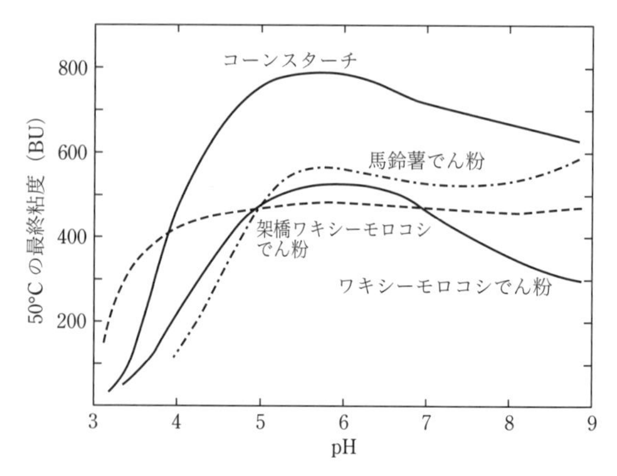

図 4.12　各種でん粉の 50°C アミログラフ粘度に及ぼす pH の影響（T. J. Schoch, 1967）

リン酸架橋でん粉は未処理の馬鈴薯でん粉やコーンスターチに比べて粘度はそれほど低いが，pH 4〜9 では安定で（図 4.12）耐酸性に富み，スプーン切れのよいショートボディーを呈するので，レトルト食品や酸性の食品の増粘，食感保持に最適といえる．リン酸架橋に加えてさらにアセチル化やヒドロキシプロピル化，リン酸モノエステル化した，特徴ある数種の架橋でん粉も製造されている．

6. 加工でん粉の特徴

でん粉の機能の改善を図る加工でん粉の種類は非常に多いが，化学修飾による加工でん粉の基本は加水分解，糊化処理，官能基の導入である．そこで加水分解の度合い（重合度）を縦軸に，官能基の導入度合（置換度，DS）を横軸にとり，種々の加工でん粉の重合度と化学修飾程度の領域を図4.13に示す．加工でん粉の原料となる天然でん粉の性質も種類により異なり，これが加工でん粉の物性にも影響するので，天然でん粉の特性をアミロース含量で代表させて図示した．加工でん粉は，原料となるでん粉の種類や，加水分解による重合度の変動，官能基の導入によるDSの変化の3要素の組み合わせによって，その物性が色々変動する様子が見て取れる．加工の度合いは連続的に調整できるので，これに応じて物性の変化も

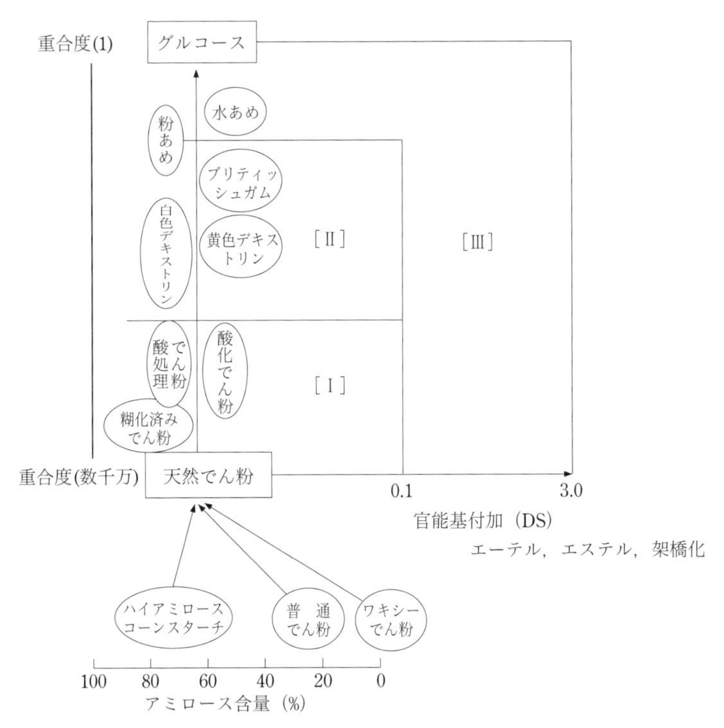

図4.13 分解度と置換度による加工でん粉のマトリックス（高橋禮治，1974）

連続的となる．その結果多種多様な加工でん粉が得られることになるが，多くの加工でん粉はゾーン［Ⅰ］［Ⅱ］に入る．

軽度の加工［Ⅰ］では，でん粉粒が残存しているのでろ過，乾燥が容易であるが，加水分解や官能基の導入が進んでいる［Ⅱ］［Ⅲ］では異なった製造法が必要となる．いずれにしても，加工でん粉の製造は［Ⅰ］→［Ⅱ］→［Ⅲ］と進むにつれて困難になるとともに，得られるでん粉の性質は粒構造を有する天然高分子物質から，冷水で分子レベルの溶解分散が可能な合成高分子的性質に近づく．

加工でん粉技術の基本は1970年頃までにほとんど完成されていることや，最近の食品業界からの細やかなニーズから，架橋化とエステル化や架橋化とエーテル化などの複合型加工でん粉が多い．これらはメーカーの長年の蓄積された製造技術のノウハウと利用方法の開発によっているが，新しい機能をもつ加工でん粉も目立つ．

(1) 膨潤抑制でん粉

でん粉は加熱により吸水膨潤し，さらに分散状態となるが，これに対して膨潤抑制糊化済みでん粉がある．たとえば，架橋化とエーテル化またはエステル化を行い，さらにドラム乾燥または噴霧乾燥すると，冷水膨潤度と加熱膨潤度がほとんど同じでん粉が得られる．使用温度によって膨潤度が変わらないので，ベーカリー製品の食感改良剤[2]に用いられる．

(2) 多孔質デキストリン

ドラムドライヤーででん粉を加熱すると，沸騰により微細な泡沫を含むフィルムになる．DE 8±2のでん粉分解物を表面温度140～170℃でドラムで乾燥すると，窒素ガスの吸着量からBET法を用いて測定した表面積は0.58 m^2/g（通常は0.2 m^2/g）と，多孔質になっている．多孔性であるため，油脂や調味料などにた加えるだけで粉末化が可能[3]となる．

(3) 油脂加工でん粉

コーンスターチなどの穀類でん粉の糊化には内部油脂が大きく影響する．内部油脂を除去する，または油脂や脂肪酸誘導体，リン脂質などをでん粉の糊化温度以下で反応させると，膨潤度やゲル強度，吸水性などが著しく異なり，このような油脂加工でん粉が水産ねり製品を始め各種加工食品に賞用されている[4]．

(4) 湿熱処理でん粉

でん粉粒は100℃前後の飽和水蒸気で加熱処理（湿熱処理）すると粒内の結晶構造が変化する．この変化は，若干存在する水分子が高まった熱振動で，でん粉の分子運動を高めて，でん粉分子の配向がずれて起こると考えられる．その結果，馬鈴薯でん粉で典型的に見られるように，でん粉分子が粒表層領域へ移動してでん粉分子の充填密度が高まり，X線回折結晶図形がB形からA形に変換する一方で，熱による非晶部分の増大も起こる．これらの構造変換が湿熱処理中にすべて起こるのか，特に粒表層領域の高密度化が，熱処理後，常圧に戻す際に水蒸気の噴出とともに起こるのかについては解明が待たれる．この湿熱処理でん粉は，架橋でん粉と同様，加熱時の粒の膨潤が抑制され，耐熱性，耐機械剪断力などが高まるが，酵素消化性は増大する．今まで実験室規模で色々と研究が進められてきたが，最近になって減圧，加圧，加熱方式と呼ぶプロセスによって製造，販売されている．

(5) 老化でん粉

40～55%の高水分含量のでん粉を，80～120℃でエクストルーダーで加熱糊化，水冷した後5°Cの冷蔵庫で冷却して老化させてから60°Cで熱風乾燥粉砕した加工でん粉で，はるさめの粉砕物と考えてもよい．この老化でん粉は糊化部分と老化部分が混在している状態であるため，冷水膨潤度3〜6の低膨潤でん粉である．加熱に対して安定しているので，水産ねり製品やあん，レトルト食品に好適[5)]といわれている．

加工食品の利用度の高まりによって加工食品の品質の一段の向上や品質保持のために，加工でん粉の依存度が増している．そのため，各国の加工でん粉に対する安全性評価も厳しくなっている．現在，国連食糧農業機関／世界保健機構（FAO/WHO）の食品添加物に関する専門家合同委員会（JECFA）で，健康への影響調査などの評価が実施され，No. 8381〜8396の16点の加工でん粉類はA(1)にランクされている．ちなみに，A(1)とはJECFAにおいて安全性の評価が充分に行われ，1日摂取許容量（ADI）が設定されているか，または毒性学的な見地からADIを設定する必要がないとされているもので，これらをまとめたものがA(1)リストと呼ばれている．

厚生労働省は，化学修飾した11品目の加工でん粉については，食品添加物扱いとし，安全性が非常に高く評価されていてADIは「特定せず」としている．物理的または酵素的に処理を加えたでん粉は，「食品」として取り扱い，加工の文字を付記しない．対象となった11の加工でん粉を以下に示す．

アセチル化アジピン酸架橋でん粉，アセチル化リン酸架橋でん粉，アセチル化酸化でん粉，オクテニルコハク酸でん粉ナトリウム，酢酸でん粉，酸化でん粉，ヒドロキシプロピルでん粉，

ヒドロキシプロピル化リン酸架橋でん粉，リン酸モノエステル化リン酸架橋でん粉，リン酸化デンプン，リン酸架橋デンプン

7. 新たな改質技術

でん粉は，優れたエネルギー源とともに食品の優良な物性形成材として，また，安価で多量に供給できる再生産可能な生分解性工業原料として多くの需要を支え，食生活および産業上極めて重要である．でん粉に対する多様な要求に応えるために多くの試行錯誤が繰り返され，でん粉の種類や粒径の選択，濃度の調整，異種でん粉のブレンド，2段仕込みのような追加使用，塩や糖，乳化剤等の添加，物理的方法や化学修飾で改質した加工でん粉の利用等々の有用な技術が生み出されてきたことは，すでに前項までに記してきた．しかし，天然でん粉の種類や粒径は自ずと制限があり，利用できる塩は限定され，糖の利用も，加熱による褐変や甘味を与える点から使用に制限があり，限界がある．たとえば，脂肪酸系食品乳化剤であるショ糖脂肪酸エステルは，でん粉とヘリックス複合体を形成して老化を抑制するが，一般に水溶性が低く，酸性領域で乳化能が低下する欠点がある．加工でん粉は，天然でん粉の機能不足を補うために現在も多くの需要を支えているが，今後のさらなる斬新な発展が望まれる．また，化学修飾した加工でん粉は，健康や安全性に対する意識の高まりから回避する傾向がある．物理処理や酵素処理した加工でん粉は食品として取り扱われて安全感は高いが，前者ではでん粉の基本構造に変化はなく，後者では利用酵素に制限があり種々の要求に応えきれていない．近年，でん粉合成酵素の発現を調節でき

るようになり，形質転換作物が作出されて天然でん粉と構造の異なるでん粉の生合成が可能となってきた．今後，ユニークな性質のでん粉が得られると期待されるが，広く認知されて生産・利用できるまでにはまだ成熟していない．これらのことは，いずれも新たにでん粉の糊化や老化の熱挙動を制御する方策を見出し，また，これまでにないでん粉素材を開発することがさらに必要であることを示している．そこで，まず，でん粉の改質視点に立って，天然でん粉のこれまでの既存の改質方法を改めてまとめ，次に，新たなでん粉物性を制御する技術の開発，および新規でん粉素材の開発に向けて課せられている解決すべき現象と，その現象を引き起こす基本的要因を見極め，さらに，その基本的要因の制御方法を考えるとともにその制御が達成できる具体的方策を考え，最後に，その方策によって目的が達成できるかを検証するアプローチに沿って行われた 2，3 の事例を挙げる．

7.1　既存技術と改質の具体化

これまで知られている改質でん粉について，改めて図 4.14 に簡潔にまとめる．上段の囲みの中に改質目的や内容，中段にその改質方法，下段の囲みの中にでき上がる改質でん粉を示す．この図は，改質の視点ともいうべき求める改質目的や改質内容をイメージしたときの，それに適用する改質方法と改質でん粉名をごく簡単に示したものである．たとえば，でん粉の分子量を低下させたいとした場合，水系反応では酸または酵素分解する方法を適用すれば，その分解程度を調整することで比較的高分子から短鎖のでん粉分解物としてのデキストリンやオリゴ糖が得られ，でん粉の高次構造の崩壊・

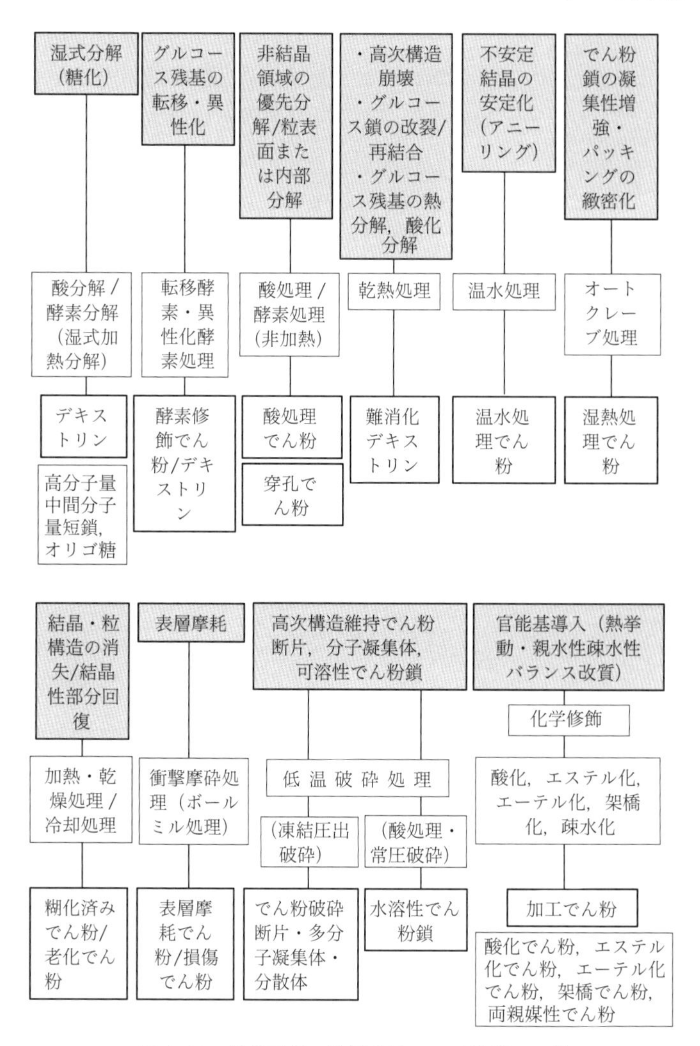

図 4.14 改質目的, 改質方法および改質でん粉

グルコース鎖の解裂・グルコース残基の再結合，特に低分子化と再結合反応を起こさせたい場合には，乾式加熱処理を適用すると，同じデキストリンでも難消化性デキストリンが生成するといった関係性を示している．結晶の安定性や凝集性を高めたでん粉にしたい場合には，水系では温水処理，水分を限定した系ではオートクレーブ処理することで，目的とする温水処理でん粉や湿熱処理でん粉が得られる．逆に結晶構造を崩したい場合には，あらかじめ水系で加熱処理して乾燥すれば糊化済みでん粉が，糊化後冷却処理すれば，でん粉鎖が部分的に凝集結晶化して老化でん粉が得られる．グルコースの結合位置の転移や異性化を目指す場合には，転移酵素や異性化酵素処理により天然でん粉と異なる酵素修飾でん粉，またはデキストリンが得られる．高次構造をもったでん粉断片や凝集体，可溶性でん粉鎖を求めたい場合には，凍結圧出破砕や酸処理後破砕処理すると調製できる．官能基を導入してでん粉の熱挙動や親水性・疎水性バランスを改質したい場合には，目的に応じた化学修飾方法を適用することで，求める加工でん粉が得られる．従来の視点を超えてでん粉に他の物質を複合化させて改質したい場合には，後述するが(7.2 3)(1))，その物質とともにオートクレーブ処理することで複合体化の修飾ができる．でん粉の改質の方法論から，① 酵素修飾，② 非酵素修飾（化学的または物理的修飾）および③ でん粉と他の物質を複合体化する修飾の3つの類別を示した（表4.2）．

改質の具体化の最初の作業は，当然ながら求められている背景をまず把握して，要求される物性が何か，そしてそれを達成する改質視点をきちんと定めることである．そのうえで，どのような改質方法を適用するかを決めることになる．また，開発対象を，粒状ので

表 4.2　でん粉の改質方法の類別

改質方法類別	改質方法例
酵素修飾	糖質酵素（糖化，転移，縮合，異性化，エピマー化） リパーゼ（アシル化，エステル交換）
非酵素的修飾	化学修飾（加水分解，加熱縮合，酸化，エステル化，エーテル化，架橋化） 糊化・老化処理 湿熱処理 温水処理等
複合体化修飾	カルボジイミド法（酸–アミド結合），アミノ - カルボニル反応 加熱縮合–酵素処理，酸分解–アミノ - カルボニル反応等

ん粉とするか，表面や内部に及ぶ浸食をさせるかさせないか，あるいは粒構造をもたないでん粉断片とするか，さらにサイズの小さな多分子凝集体とするか，沈澱しない程度の分散体か，分子分散状の溶液，それも分子量をどの程度にするか，分岐をもたせるか否かによって，得られるでん粉素材は当然異なるので要求に合わせて選択することになる（図 4.15）．次に，決定した改質対象に対して想定している改質視点を満足する改質方法を具体化する作業に移ることになる．たとえば，構造変換の有無とその程度をどうするか．そのため加熱の有無をどうするか，物理的処理で行うか，酵素修飾か化学修飾で進めるか．単一の処理か，複数組み合わせた処理によって行うか，それとも非でん粉成分をでん粉に介在させた複合体化処理を適用するか．その場合，非でん粉成分に何を選択するか．そして，これらの処理は水系で進めるか，それとも水分が少ない状態で進めるかを決めることになる．実際の改質処理条件には振れ幅があ

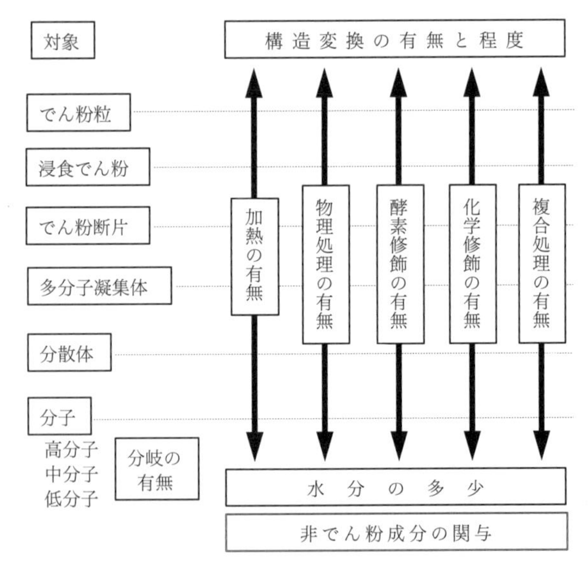

図 4.15　でん粉素材開発の視点

り，それによっては開発するでん粉素材の物性に好ましくない影響を及ぼすことがあるので慎重に絞り込むことが大切である．この条件決定には通常，事前に若干の予備的検討が必要になる．次に，新たな改質に向けたアプローチと 2，3 の事例を述べる．

7.2　開発に向けたアプローチ事例

でん粉はタンパク質と異なり分子構造や分子量が不揃いな生体高分子であるために，明快な因果関係に基づいた，きれいできっちりした研究には明らかに不向きである．そのため研究のトレンドから徐々に距離がおかれ，でん粉そのものの利用科学の位置付けも相対的に低い．加えて，応用科学としても試行錯誤を重ねて格闘し続けねばならない泥臭さがあるが，実際の利用の点では極めて重要な物質で，でん粉に対する要求は根強く，そして広範にわたる．したがって，少しでも試行錯誤が少なくスジの通った論理的アプローチによって，でん粉に対する課題の解決に向き合うことが望まれる．

でん粉は，これまで述べてきたようにレトルト食品や冷凍食品，調理済み食品等のさまざまな加工食品のテクスチャー形成に利用される．加工食品の消費が増え続け，家計の支出に占める割合が2020年には54%になった（農林水産省食糧費の動向2021年）．これに合わせて，製造設備の大型化や加工工程の連続化，加工食品の高品質化が進み，それに耐えつつシェルライフの延長も求められるなど，多くの厳しい要求がなされるようになった．その要求は往々にして互いにあい反し，たとえばもっと粘度は高く，しかしベタベタした糊状感は抑えるよう，レトルト処理すれば粘度は下がるが下げずに維持できるよう，あるいは，フライは時間が経てば必ずクリスピーな食感（ショートネス）がなくなるのに，いつまでも揚げたてのようにカリッとさせるよう，電子レンジの再加熱に耐えるようになどと，無理とも思える要求が多い．これらの要求は，突き詰めればいずれもでん粉のもっている物理的特徴をいかに制御するかの問題に帰結する．したがって，改質の重要な視点はでん粉の物理的特徴の制御と位置付けられる．しかしながら，試行錯誤を減らしてスジの通った開発アプローチによって求める改質技術や改質でん粉を開発するには，どのような物性制御を達成するか，さらに明確に絞り込む必要がある．

それには，まず，① 求められるでん粉の物性について，その物性の基本的要因をあぶり出す中で問題とされる現象の所在が何であるかを見定め，次いで，② 読み解いた問題となる基本的要因を制御するにはどのような方法が適当かをあぶり出し，そして，③ その基本的要因を制御する具体的方策を考え抜いて，最終的にその方策によって課題の解決に導けるかを検証することが大事である．

1) 基本的要因

でん粉は，直鎖状のアミロース（多くは短い分岐をもつ）と多数の分岐鎖をもつアミロペクチン（馬鈴薯でん粉ではそれぞれ 10^5 と 10^8 のオーダーの分子量）成分の混合物で，複数のでん粉合成酵素の重層的作用によって生合成される．その後，高次構造を取りながら高密度に配向して植物起源に固有の形状と粒径をもち，水に不溶のでん粉粒を形成する．しかし，水とともに加熱するとある温度で水を急激に吸収して粒が大きく膨潤し，一部溶け出しながら一気に粘度と透明度が上昇して粘稠（ねんちゅう）な糊になる（糊化）．しかし，分子間凝集力が低下して脆弱になった膨潤粒は剪断力や熱エネルギーで崩壊し，粘度が劇的に低下して品質低下を引き起こす．特に，レトルト処理のような高温度の熱処理ではこの変化が激しく，濃度を高めて補償するとベタツキ感や糊状感のあるテクスチャーを与え，また，フライ衣の水分発散低下を招いて問題となる．つまり，加熱糊化したでん粉の状態がある時点で止まらず連続的に変化し，生成する糊液の性状，ひいては系全体の最終物性に大きな影響をもたらして，制御困難な状態を呈することが問題の根源であろうと整理できる．このことの発端はでん粉の膨潤の現象にあり，この膨潤に問題の本質があるといえる．

膨潤は，でん粉粒のように 3 次元構造をもつ高分子凝集体に特徴的な現象である．膨潤粒の体積は，溶媒の移動により広がろうとする力と，粒内のでん粉鎖の水素結合の力で有限体積を維持しようとする力とのバランスによって定まる．溶媒の移動により広がる力は，でん粉鎖と溶媒の相互作用の程度によって決まり，相互作用が強ければでん粉鎖は溶媒に溶解しようとし，それは，でん粉凝集体中の溶媒と外部の溶媒そのもののエントロピーの差によって，溶媒そのもののエントロピーに近づこうとする力で溶媒が移動するからと考えられる．一方，有限体積を維持する力は，でん粉鎖同士の水素結合による相互作用程度によって定まる．つまり，膨潤の程度は，でん粉粒の構造を特徴付ける因子と溶液の溶媒能の要因によって定まるといえるので，この2つの基本的要因が制御できれば，でん粉の熱挙動の対処に有効であろうと考えられる．

2) 基本的要因の制御方法

膨潤の基本的要因は，でん粉粒の構造性とでん粉鎖への強い水和性にあると整理できたので，次はこの要因を基にでん粉の熱挙動を制御する方法を考えることになる．その方法は，基本的要因に対応して大きく1)，2)の2つあると考えられる．

1) でん粉鎖の分子運動を制約して安定性を高めること（でん粉の構造性）

2) でん粉の水和を妨げて溶媒の浸入を防ぐこと（でん粉の水和）

これらの基本的的要因を制御するために有効と考えられる方法を次表にまとめる．

膨潤の基本的要因	基本的要因の制御方法
1) でん粉の構造性	① 他物質結合（複合化）によるでん粉の安定化
	② でん粉鎖間架橋による安定化
2) でん粉の水和性	③ 共存物質の介在による水和阻止

1) では，① でん粉鎖に他の物質を結合（複合化）してでん粉の分子運動を阻害し，または，② でん粉鎖間を架橋して構造の安定化を図り，2) では，③ 共存物質がでん粉と相互作用することによってでん粉の水和を抑制しようとするものである．このとき，① では複合化によって水和が妨げられ，また③ では共存物質が相互作用することによってでん粉鎖の分子運動が抑制されることも起こりうるように，1 つの制御方法が複数の作用を現す多機能な改変になることもある．次に，これらの制御方法に基づいて，食品に適用可能ででん粉の熱挙動の制御が達成できる方策を考え，最後に，その方策によって課題の解決に導けるかを検証することになる．

3)　具体的制御・開発方策

(1)　複合化

でん粉と異なる物質を結合して複合体化する方法には，化学試薬を用いる方法と用いない方法があるが，ここでは食用に供するために化学試薬を用いない方法について述べる．

たとえば，でん粉にアミノ酸を加えてよく混合し，この粉状混合物を 120°C で 60 分オートクレーブ処理すると，アミノ酸はそのアミノ基を介してでん粉の還元末端に結合し，アミノ酸複合でん粉が調製できる[6]．グルタミン酸（Glu）複合でん粉は，未処理でん粉より糊化温度が高く，低膨潤，低溶解性で（図 4.16)，120°C まで加熱しても粒は崩壊しない．また，100°C で加熱したときの水分散逸速度は，純水と同様で対照の糊液よりはるかに速い（図 4.16）[7] ので，Glu 複合でん粉を小麦バッターに加えると水分がよく飛び，衣のショートネス感が増強する[8]．また，フライ後時間が経って食感が低下しても，電子レンジで再加熱するとカラッとした食感が回復する．でん粉粒の中心部の硬さも抑えられ[8] クリスピーな食感が増す．なお，このGlu 複合でん粉には未反応の Glu も残存している．遊離の Glu もでん粉の糊化温度を高め，膨潤を抑制する効果が他のアミノ酸より大きい（後述 (3)）ので，反応生成物を精製せず未反応の Glu を残す方が有利である．

この反応は，固体同士を反応させるので，ある意味非常識ともいえる方法である．しかし，オートクレーブ処理するとでん粉が褐変することから，明らかにアミノ - カルボニル反応が起こっているこ

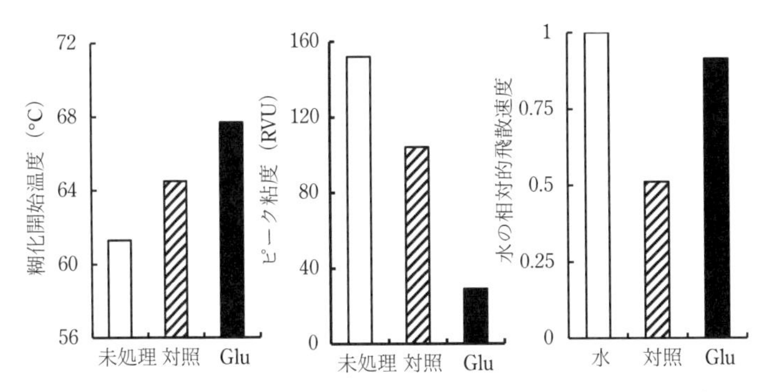

図 4.16 Glu 複合でん粉の糊化温度，粘度および水分散逸速度[6,7]
100°C の純水の蒸発速度に対する相対速度．Glu, Glu 複合でん粉；対照，Glu を加えずオートクレーブ処理したでん粉．

とがわかる．この技術は，若干の水分があればあたかも臨界状態のようになり，個体同士でも液–液反応のように反応が進むことを示している．したがって，アミノ酸に限らず他の物質との複合体化にも応用できる．リシン（Lys），ショ糖脂肪酸エステル，でん粉を混合しオートクレーブ処理すると，Lysを介してでん粉とショ糖脂肪酸エステルの加水分解物である糖脂肪酸エステルが結合したでん粉が調製できる（図4.17）．この複合でん粉は，脂質成分を含むためにさらに安定性が増してレトルト耐性があり，同様に優れた水分散逸性を示す複合でん粉となる（図4.18）[9]．また，酵素修飾でん粉も食品に許容されるので，たとえば，リパーゼの逆反応を利用

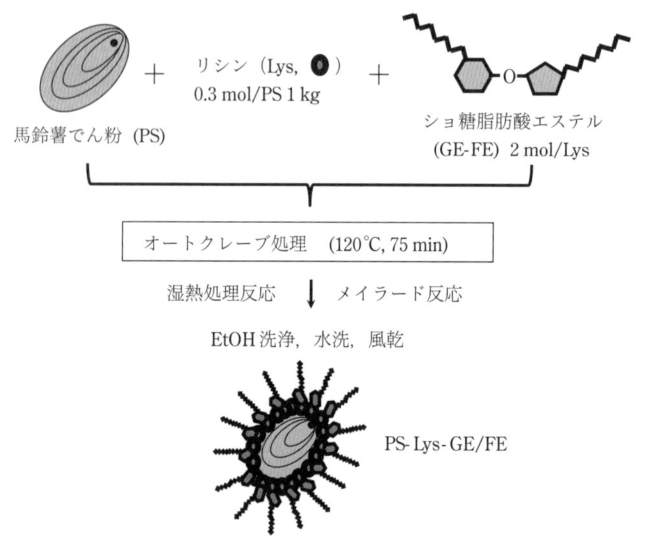

図4.17　糖脂肪酸エステル複合でん粉（PS-Lys-GE/FE）の調製
GE/FE，グルコースまたはフルクトース脂肪酸エステル．

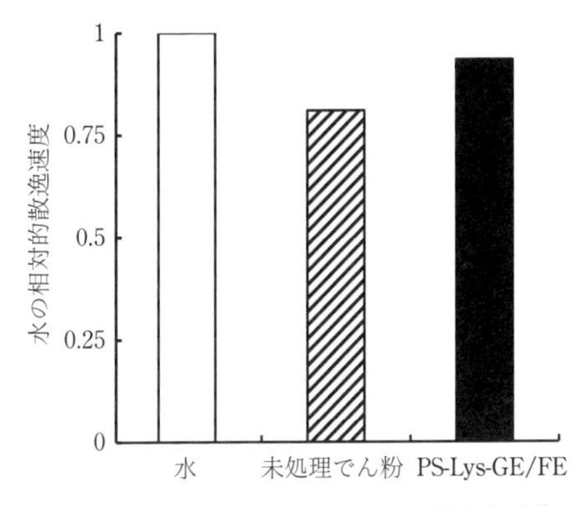

図 4.18 PS-Lys-GE/FE の水分散逸速度[9]

して特異な複合でん粉が調製できる．でん粉をリパーゼ溶液に含浸し，エタノールで脱水風乾してリパーゼ保持でん粉とし，モレキュラーシーブを加えたオレイン酸ヘキサン溶液中，または溶媒を含まないオレイン酸中でインキュベートすると，アシル化反応が起こって少量のオレイン酸が結合した複合でん粉が調製できる．この複合化反応も明らかに固-液反応で非効率ではあるが，リパーゼの触媒反応が起こる．オレイン酸複合でん粉は低膨潤で，110°C で加熱しても一部の膨潤粒が残存し，やはり優れた水分散逸性を示す．120°C で 20 分加熱すると膨潤粒が崩壊してきれいな分散液を与え，界面張力が有意に低下して両親媒性を示すので，新たな機能をもったでん粉素材となる[10]．

(2) 架橋処理

オキシ塩化リンや無水アジピン酸を用いてでん粉鎖の水酸基間をジエステル架橋することで，でん粉の構造安定性が増強でき，ショートボディーを与える加工でん粉として利用されている．しかし，健康や安全志向の高まりで化学試薬を用いた加工でん粉は回避される傾向が強まり，化学修飾剤ででん粉鎖間を直接架橋するこれまでの方法と異なる方法が望まれている．そこで新たな，間接架橋処理によるでん粉構造（でん粉粒）の安定化について示す．

でん粉およびペプチドの混合物をオートクレーブ処理してペプチドをでん粉に複合化し，次いでペプチド間を酵素的に架橋することで架橋ペプチドでん粉が調製できる．たとえば，馬鈴薯でん粉（PS）を低分子コラーゲンペプチド（CP）溶液に加えて撹拌し，エタノール脱水後風乾してCPを保持したでん粉を調製する．CP保持でん粉を120°Cで120分オートクレーブ処理すると，でん粉の湿熱処理とアミノ-カルボニル反応が同時に起こり，でん粉にCPが結合する（CP-PS）．次いで，微生物由来のトランスグルタミナーゼを作用させると，CP鎖間にγ-グルタミルリシン架橋が生成し，

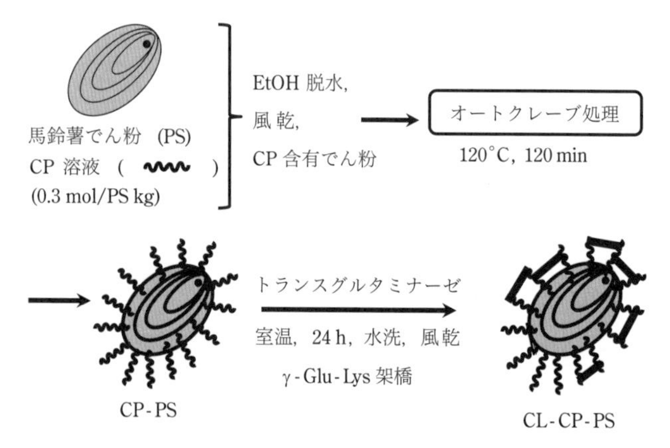

図 4.19　コラーゲンペプチド架橋でん粉 (CL-CP-PS) の調製
CP，コラーゲンペプチド（M_w 1,010）；PS，馬鈴薯でん粉．

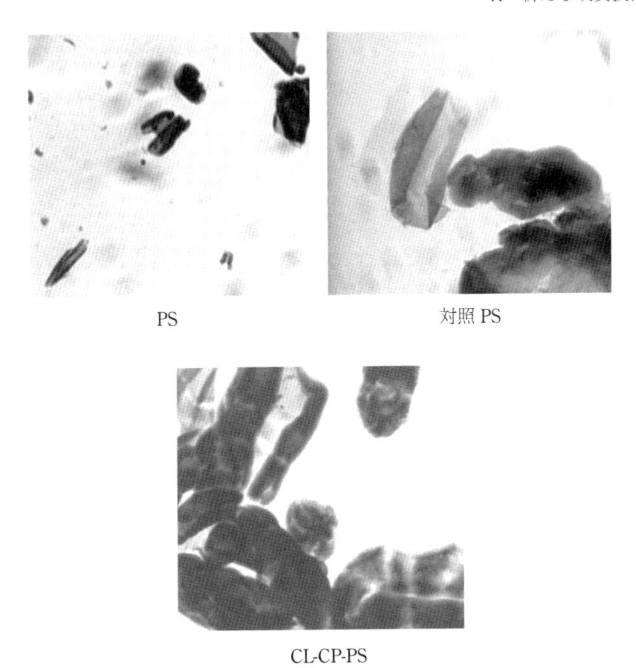

図 4.20 レトルト加熱 (120°C, 20 min) CL-CP-PS の顕微鏡像[11)]
PS, レトルト処理馬鈴薯でん粉；対照 PS, CP を含まずレトルト後トランスグルタミナーゼ処理した PS；CL-CP-PS, 架橋コラーゲンペプチド PS.

架橋 CP でん粉（CL-PC-PS）が調製できる（図 4.19）[11)]．CL-PC-PS は糊化温度が高く，膨潤度や溶解度が極めて低く，レトルト処理しても膨潤粒が崩壊しないでん粉素材となる（図 4.20）.

(3) 共存物質による溶媒和調節

でん粉鎖は多量の水酸基をもつ．水酸基の酸素原子はその大きな電気陰性度によって若干マイナスがかり，水素原子は若干プラスがかっているので，潜在的に電気的相互作用しうる状態にあると考えられる．したがって，でん粉鎖の水酸基と有効に電気的相互作用でき，食品に適用できる物質があれば，でん粉と静電的相互作用して水和を調節できる可能性があると考えられる．静電的相互作用しうる物質は荷電をもつ物質であろうから，食品に利用できる物質として選択対象になるものには，塩化ナトリウムを除くとアミノ酸やペプチドが考えられる．しかしながら，でん粉に対するアミノ酸の影響は意外と知られていない．アミノ酸やペプチドは溶液中では分子内分極して荷電しているので，でん粉と相応に結合できると考えられる．アミノ酸の中でもグルタミン酸（Glu）のような酸性アミノ酸，リシン（Lys）のような塩基性アミノ酸等の荷電アミノ酸は，中性領域では正味荷電に偏りを生じ，それぞれマイナスおよびプラスに荷電している．そのため，他のアミノ酸よりでん粉に強く結合

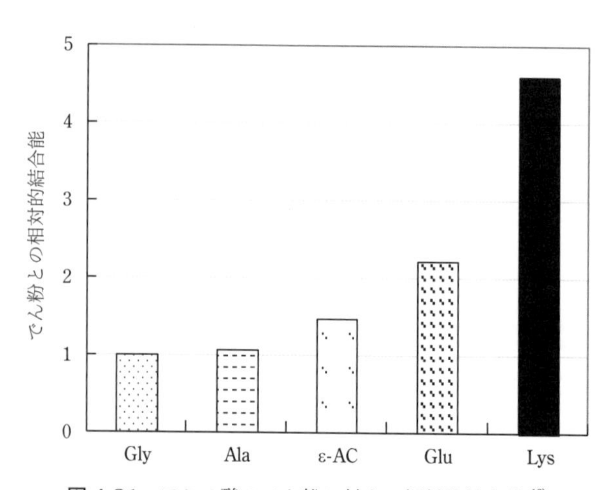

図 4.21　アミノ酸のでん粉に対する相対的結合能 [12)]
Gly，グリシン；Ala，アラニン；ε-AC，ε-アミノカプロン酸；Glu，グルタミン酸；Lys，リシン．Gly の結合力に対する相対値．

しやすいと考えられる．実際に，中性領域におけるアミノ酸のでん粉鎖への結合力を調べると，Lys や Glu はグリシン（Gly）やアラニン（Ala），Lys の α- アミノ基がない正味荷電ゼロの ε- アミノカルボン酸（ε-AC）より結合力が強い[12]（図 4.21）．Lys や Glu はでん粉の糊化温度の濃度依存的上昇度合いが Gly や Ala より強く（図 3.14 参照），膨潤度，粘度も著しく低下させる（図 3.16）．これらは，Lys や Glu は他のアミノ酸よりでん粉に対する結合力が強いために，でん粉への水和をより妨害し，水の熱振動がでん粉鎖に伝わるのを阻害して糊化・膨潤を効果的に抑制することを示している．Lys と Glu が混在すると，その効果は相乗的に増す[13]．120°C で 20 分間レトルト処理すると通常膨潤粒は崩壊するが，10 mM 程度の Lys や Glu の存在によって多くの膨潤粒が認められるようになる[14]．この糊液を 5°C で 7 日間保存したときにも粘度の上昇が起こりにくく，未処理糊液の粘度上昇の 1/3～1/5 にとどまる．また，55°C で 7 日間保存しても褐変しない．以上のように，アミノ酸のようなでん粉と相互作用する物質を添加することによって，でん粉の物性が制御できることがわかる．

野菜漿液（ニンジン，赤ピーマン，トマト），ビールやパン酵母自己消化物，小麦・大豆天然調味料および乳清タンパク質酵素分解物は，アミノ酸やペプチドを豊富に含む食品素材（amino acid-peptide rich food material，APRM）である．APRM も荷電アミノ酸含量に依存して糊化温度を高め，膨潤・粘度の抑制に有効である．

また，でん粉に APRM 溶液を加えて熱重量測定したときの減量曲線は，62°C，72°C および 82°C 付近で屈曲して複雑な水分蒸発（散逸）挙動を示す（図 4.22）[15]．この過程は，でん粉の糊化が始ま

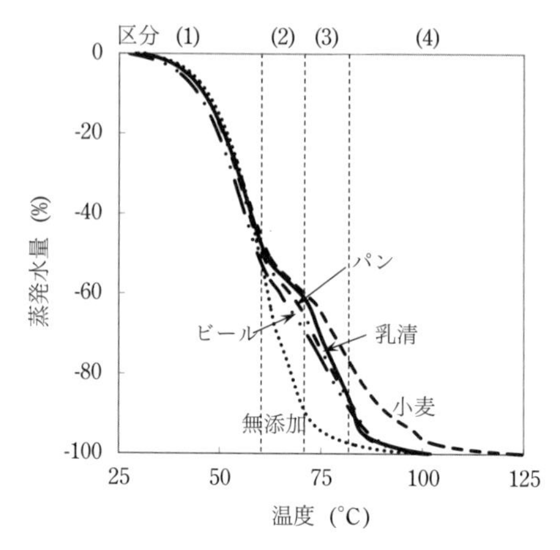

図 4.22　アミノ酸・ペプチド食品素材（APRM）添加馬鈴薯でん粉懸濁液の熱重量曲線[15]
乳清，乳清タンパク質酵素分解物：小麦，小麦大豆天然調味料；パン，パン酵母自己消化物；ビール，ビール酵母自己消化物．

るまでの外部溶液の蒸発段階（区分 (1)），でん粉が糊化して膨潤し外部溶液が少なくなるときの水分蒸発段階（区分 (2)），残余外部溶液および膨潤粒内水分の蒸発段階（区分 (3)），でん粉と相互作用の強い膨潤粒内水分の蒸発段階（区分 (4)）の 4 段階に区分でき，水の運動性はこの順に低下する．区分 (1) は，荷電アミノ酸に富む APRM は保水作用で若干蒸発を抑制し，蒸発量と荷電アミノ酸含量は負の相関性を示す．しかし，糊化・膨潤を強く抑制するためにでん粉粒の外部溶液を相対的に増大させ，区分 (2) の蒸発量が増して荷電アミノ酸含量と正の相関を示すとともに，区分 (3) との区分温度の上昇をもたらす（表 4.3）．しかし，区分 (3) の段階では荷電アミノ酸含量は影響しないが，区分 (4) の区分温度との間には

表 4.3 区分蒸発量，蒸発区分温度と APRM の荷電アミノ酸含量との関係（相関係数）

区分 (1)～(4) の蒸発量（%）との相関係数			
(1)	(2)	(3)	(4)
-0.7897	0.982	-0.206	-0.557

蒸発区分温度（° C）との相関係数		
(1)-(2)	(2)-(3)	(3)-(4)
0.714	0.788	0.836

相関性を示し，荷電アミノ酸に富む APRM は蒸発区分温度を高める．区分 (4) においては，残余水分が寡少なために散逸量との相関はない．したがって，荷電アミノ酸に富む APRM は，でん粉の糊化過程の膨潤粒間隙の水分の散逸を容易にし，衣のクリスピーさを増強すると考えられる．

以上のように，まず問題の現象を見定めてその基本的要因を読み解き，次にその要因の制御方法と具体的方策を考え検証することで，試行錯誤をできるだけ少なくしてスジの通った研究開発が展開できると考えられる．このような整理とアプローチの仕方や展開方法が，新たなでん粉物性制御技術の開発や，新規でん粉素材の開発に向けた一助となろう．

引用文献

1) 特開　平 5-41961.
2) 特開　平 5-15296.
3) 特公　昭 60-12399.
4) 特公　昭 43-734.
5) 特公　昭 57-53060.
6) T. Yagishita *et al.*, *J. Appl. Glycosci.*, **55**, 211 (2008).
7) T. Yagishita *et al.*, *J. Food Sci.*, **76**, C980 (2011).
8) T. Yagishita *et al.*, *J. Appl. Glycosci.*, **59**, 119 (2012).
9) N. Kohyama *et al.*, *J. Appl. Glycosci.*, **60**, 147 (2013).
10) K. Ando *et al.*, *J. Appl. Glycosci.*, **61**, 67 (2014).
11) Y. Kasuya *et al.*, *J. Appl. Glycosci.*, **61**, 109 (2014).
12) A. Ito *et al.*, *J. Agric. Food Chem.*, **54**, 10191 (2006).
13) K. Kinoshita *et al.*, *J. Appl. Glycosci.*, **55**, 89 (2008).
14) A. Ito *et al.*, *J. Appl. Glycosci.*, **58**, 79 (2011).
15) S. Sakauchi *et al.*, *J. Food Sci.*, **75**, C177 (2010).

参考文献

1. 島下昌夫, 澱粉科学, **38**, 55 (1991).
2. 小倉徳重, 澱粉, 1992, 6.
3. 稲田和之, 化学経済, **42** (1), 73 (1993).
4. F. W. Schenck, R. E. Hebeda eds., “Starch Hydrolysis Products”, VCH Publ., Inc. (1992).

V　でん粉の用途

1. 概　　説

でん粉は古来よりわれわれに不可欠な食品素材として，幅広く食品に使用されてきている．特にわが国では，歴史性や各地の風土に根付いたでん粉を用いた多くの伝統的食品が作られた．たとえば，小麦でん粉は「関西かまぼこ」「ういろう」「くずもち」に，馬鈴薯でん粉は「関東かまぼこ」「なると」「えびせんべい」「衛生ボーロ」「オブラート」に，甘藷でん粉は「はるさめ」にと[1]，でん粉の違いを巧みに利用した特徴的食品である．これらは風味よりも色や形，特にテクスチャー（texture）が重視された食品で，でん粉の糊化の様子の違いが強く影響して作られている．テクスチャーは，もともと織物の目の粗さやしっとりとした手触りなどの感触を表現する言葉であったが，昭和30年（1955年）代に食品の歯触りや口当たり，のどごしなどの表現に転用されるようになった．これらは味覚や嗅覚などの化学的感覚とは異なり，物理的性質に由来する口腔内の感覚器官で感じるすべての感覚が食品のテクスチャーであり，一般にいわれる「食感」は，硬い・軟らかいといった狭い意味の表現である．

わが国における2020年度のでん粉の需要数量（推定）を図5.1に示す．でん粉の用途としては異性化糖，水あめ，粉あめ（デキス

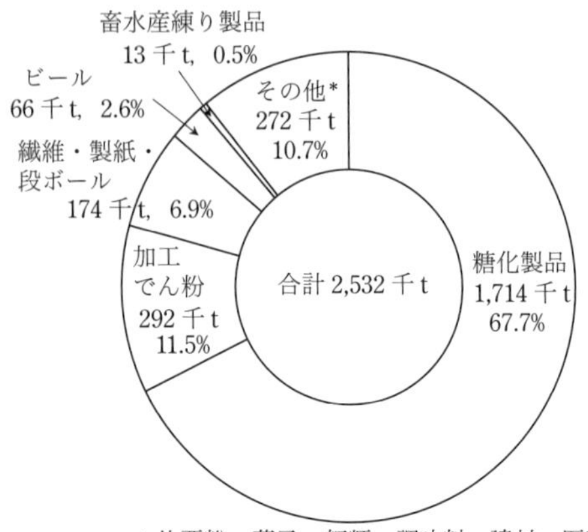

図 5.1　でん粉の需要数量＜ 2020 年度＞（農林水産省令和 3 年 3 月）

トリン）やぶどう糖などの糖化製品用が 171 万 t と最も多く，でん粉需要の約 68% を占めている．これらは清涼飲料をはじめとする各種飲料の過半に使用されるほか，各種食品の甘味資源として使われている．

これらの糖化製品を除くと加工でん粉向けが約 29 万 t（約 12%）で最も大きい．次いで製紙工業（サイジング，コーティング用糊料）・繊維工業（捺染，クリーニング仕上糊）・段ボール接着剤用に約 14%，約 17 万 t が使われている．

これらを除く約 14%，約 35 万 t のでん粉が食品用途に向けられている．食品分野で最も大きいのが「ビール」醸造用で，約 7 万 t，次いで水産ねり製品，「氷菓」「スナック」「ビスケット」などの「菓子類」や「麺類」，「かたくり粉」「くず粉」「カレー粉」「てんぷら粉」「ベーキングパウダー」などの食品用，「ソース」「マヨネーズ」などの調味料,「粉末しるこ」「即席もち」等インスタント食品などの加工食品向けである. 加工食品へのでん粉の利用は, 加熱により糊化し, 濃度の増大に伴いゾルからゲルへと幅広く変化する特性を生かしたテクスチャーの付与が最大の目的といえる.

しかし最近, おいしさや簡便性, 合理的性とともに健康増進, 栄養過分剰の制限やファッション性が強まった. でん粉においても食品機能からその改質を図り, 用途を新しく拡大させる動きが活発化している. その大要を表5.1にまとめる.

(1) 栄養（第1次）機能：　でん粉は加熱糊化あるいは分解することにより消化性が向上し, 4 kcal/g (16.7 J/g) の重要なエネルギー源である. 最近エネルギーの過剰対策も求められ, 難消化性デキストリンや油脂代替デキストリンの用途開発が注目されている. また, 過度のダイエット志向によってでん粉を始めとする糖質の摂取を制限する風潮が起こり, 健康への弊害が懸念されている. さらに, 摂取量という量的側面に加えて糖質の消化吸収速度という質的側面も糖尿病や肥満などの生活習慣病のリスクの点で注目される.

(2) 嗜好（第2次）機能：　従来よりでん粉の機能の中心で, 色(つや出し), 香（封じ込み), 味（甘味, コク味), テクスチャーが主体である. しかし最近では, 消費者の嗜好は甘味の抑制とともに, テクスチャーもハードさからソフトさへと移行しているので, これらへの対応も欠かせない.

(3) 生理（第3次）機能：　新しく注目されてきた機能である. でん粉を出発原料としたオリゴ糖, 難消化性でん粉デキストリン, 糖アルコールなどに整腸作用, 血糖調節, コレステロール低

表 5.1　食品の機能とでん粉およびその加水分解物（高橋禮治，1990）

機能・要因		効果・対象
栄養	不足対策	高消化吸収性（デキストリン）
	過剰対策	低エネルギー性（難消化性デキストリン，オリゴ糖） 油脂代替（デキストリン）
嗜好	色	つや出し（デキストリン）
	香	封じ込め（多孔質でん粉，サイクロデキストリン）
	味	コク味（分解物）
	テクスチャー	増粘性（加工でん粉） ゲル化性（加工でん粉） 膨化性（加工でん粉） 組織の硬・軟（加工でん粉）
生理	体調・リズム	整腸作用（難消化性デキストリン，オリゴ糖）
	保健，疾病対応 （肥満 糖尿病 発がん 虫歯）	インスリン分泌節約作用（難消化性デキストリン） 血清コレステロール低下作用（難消化性デキストリン） 高血圧低下作用（難消化性デキストリン） 抗う蝕性（オリゴ糖，糖アルコール） 低タンパク質食（還元デキストリン）
加工特性		粉末化（デキストリン） 乳化（加工でん粉） フィルム化（加工でん粉）
流通特性（保存性）		水分活性（分解物） 離水性（加工でん粉） 低温劣化性（加工でん粉） 耐塩・耐酸性（加工でん粉）
安全性		（食品として使用）

下作用のあることが順次判明し，これらを用いた特定保健用食品や機能性表示食品の開発が活発になり，さらなる市場の拡大が期

待されている.

(4) 加工特性：　食品加工技術の発展に伴う調味料や油脂の粉末化，さらに乳化食品の需要増につれて，これらの食品群に適応する加工でん粉やデキストリンの出現が期待される.

(5) 流通（保存）特性：　レトルトや冷凍，チルド加工食品の驚異的な増加に伴い，これらに寄与できる新しい加工でん粉やその利用法が求められる.

2. 打　ち　粉

生麺やもち生地など，製造時に製品同士や機械との粘着を防止するために打ち粉（とり粉，振りかけ粉ともいう）が必要とされ，従来より馬鈴薯でん粉やコーンスターチ，また生地と同じ小麦粉や米粉が使用されてきた.

でん粉を打ち粉として用いる場合，用途によって要求される性質が異なる．たとえば，「生麺」では打ち粉の包装袋材への付着やゆで上げ時の湯にごりや粘度の上昇，「生ラーメン」ではカン水による変色防止が必要である.「ギョウザ」「ワンタン」では，皮を重ねて保存するので皮表面への打ち粉の均一な広がりや焼き色，「もち」「和菓子」では白度やつやが重視される.

打ち粉用でん粉は，その種類によって物性が異なる．馬鈴薯でん粉は透明性の高い糊液となるので，コーンスターチに比べて「生麺」に用いると湯にごりは少ないが粘性が高いので，ゆで湯の交換が早くなる欠点がある．付着性や流動性などの粉体特性も異なる(粉末の飛散性や流動性はコーンスターチが優れている)．手振りと違い，散粉機では再使用することが多く，再使用粉が吸湿して滑りが悪くなって散粉しにくくなりやすく，微生物による汚染の心配もある．

従来より，天然でん粉が，それぞれの粉末特性を生かして用いられてきた．しかし最近では，打ち粉の流動性や飛散性の改善，冷凍と解凍の繰り返しで吸湿することによる性能劣化や湯にごりの防止，白度や光沢の向上が求められ，軽度な酸化馬鈴薯でん粉やタピオカでん粉などを主体に，用途別に特徴ある打ち粉が市販されている．

打ち粉と同様に，でん粉の粉末特性を生かした用途に，「マシュマロ」「でん粉ゼリー」「リキュールボンボン」を作るときに用いるスターチモールドがある．100°C のオーブン中で約 5 時間乾燥した水分 6% 以下のコーンスターチを詰めた粉床に，それぞれの形状の型をつけ，この凹部に原液を流し込み，ここに乾燥コーンスターチを振りかけて覆う．これを加温したホイロ中に静置して，コーンスターチ粉体中で脱水乾燥して製品化するが，コーンスターチは篩別（しべつ）し，乾燥して再使用される．

また，「パン」や「菓子」製造に用いられる「ベーキングパウダー」では，膨張剤相互の付着の防止や流動性の改良に，水分 5% 前後の乾燥でん粉が使用される．このほか，小麦粉などの流動性の改善や吸湿性の強い「粉末醤油」のブロッキング防止，溶解時“ままこ”になりやすい「ガム類」の溶解性の改善などの粉末希釈剤として多孔質デキストリンが市販され，賞用されている．

3. 粉 末 食 品

3.1 粉 末 調 味 料

加工食品工業の発展に伴い，保管や輸送，取り扱いが簡便な粉粒体の調味料や油脂が注目されている．これらの粉末化には，液体やペーストから直接に粉粒体が得られる噴霧乾燥法が一般的である．

噴霧乾燥は，液状原料を回転円盤や噴射ノズルで微粒化した液滴を，熱風と接触させて乾燥して粉末化する方法である．この方式は液滴にして比表面積を著しく高め，その蒸発潜熱によって湿球温度以上には上昇しないうちに秒単位で乾燥でき，品質の劣化が少なく，溶液，ペースト，懸濁液など液状物を衛生的に，大量に処理できるので，調味料をはじめ食品の各分野で広く使用されている．

調味料の種類や形状は多岐にわたる．乾燥時間の短縮や仕上り品の保存性，使用時の復元性などの改善を図るために粉末化基材を使うことが多い．たとえば，「粉末みそ」では酸化でん粉を原料の約25% 添加する．噴霧乾燥機の機種にもよるが，約 2 倍量の水を加え噴霧に適した粘性にして約 160°C の熱風で乾燥して粉粒体化する．

「粉末はちみつ」「粉末ジュース」では DE 3 のデキストリン，「粉末醤油」「粉末酢」では DE 8 のデキストリン，「酵母」「カツオエキス」の粉末化には DE 10 位のデキストリンが主に用いられる．DE の高いデキストリンは溶解しやすいが吸湿性も高いので，吸湿潮解性の激しい仕上り品ほど低 DE デキストリンが使用される．これでも不充分の場合には低粘度化でん粉 [粉末みその場合には 20% 濃度，30°C 粘度 20～40 cP (0.02～0.04 Pa･s)] 糊液を使用するのが一般的である．

3.2　粉末油脂

粉末油脂を作る場合，一般には油脂に乳化剤，カゼインやデキストリンなどの乳化安定剤を加えてO/Wエマルションにして噴霧乾燥する．粉末油脂は理想的には独立した球形が好ましいが，この形状は配合材や噴霧乾燥条件の影響を受けやすい．なかでも油滴表面をコーティングしてマイクロカプセルにするときの賦形剤（ふけいざい）の種類に左右される．

最近，低粘度の親油性でん粉（オクテニルコハク酸でん粉）を粉末化基材に用いて，優れた粉末油脂が得られている．たとえば，牛脂7部と親油性でん粉3部に同量の水を加え60°Cで乳化，噴霧乾燥した粉末油脂のコーティング率は95%を示し，油滴表面の保護膜が充分に形成されていることがわかる．温度50°C，湿度50%の虐待試験でも過酸化物価（POV）に大きな変動はなく，酸化安定性に優れている[2]．これは従来の乳化剤や乳化安定剤より分子量が大きく，油-水相界面への配向性がよく，ほぼ完全にマイクロカプセル化するためと考えられる．

得られた「粉末油脂」の加水による乳化液の経時変化，食塩添加時の乳化状態も安定で，「ミックス粉」「バッター粉」「畜肉加工品」などに応用されている．

3.3　吸着剤による粉末油脂

噴霧乾燥による粉末油脂の製造では，乳化機や噴霧乾燥機などの設備を必要とするうえ品温の上昇で低沸点の香油などは揮散して損失が大きく，粉末中の油脂含量もかなり制約を受ける．そこで，混合するだけで多量の油脂を吸着保持し，しかも流動性に優れた粉体になり，冷水に溶解して適度の粘性や乳化性を有する粉末化基材として多孔質デキストリンが市販されている．

この多孔質デキストリンに所定量の食用サラダ油を徐々に滴下しながら泡立て機で撹拌混合すると，油滴に吸着して，流動性のよいサラサラした「粉末油脂」となる．「バター」のような固体油は加熱，溶融させた状態で多孔質デキストリンを吸着させることも可能で，含油量が50%程度でも流動性が保持できる．

このように，多孔質デキストリンは液体油，加工油脂，香料精油，香辛油や食用サラダ油などあらゆる油脂への吸着，粉末化剤として有用である．しかし，噴霧乾燥による粉末油脂とは異なり，粉末油脂の表面のコーティングは完全ではないため，油脂と空気は直接ふれ合うことになる．このため長期保存時の劣化は避けられないので，密閉容器中での脱酸素剤などとの併用が必要となる．

なお，油脂と同様に「みそ」などの調味料も直接混合するだけで粉粒体化ができる加工でん粉も市販され始めている．

4. キャンディー類

菓子のなかで「キャンディー類」には，「ドロップ」「キャラメル」「あめ」「ゼリー」「チャイナマーブル」などの掛け物が含まれる．これらの主原料には，ショ糖やでん粉加水分解物の水あめ（DE 35～50）を使用しているが，最近はさらに低DEのデキストリン類も使用し始めている．これは，高分子デキストリンは増粘効果や，保水性や皮膜形成性に優れるが吸湿性が少ないなどの特性をもつからで，代表的な用途は次のようである．

(1)「キャンディー」

主原料はショ糖であるが,「キャンディー」中のショ糖の再結晶を防止するとともに粘度や光沢を調整するために,ショ糖の1/2〜1/3の水あめを使用する．しかし,保存中に型崩れや吸湿が起こりやすく,またショ糖の甘味の緩和のためDE 15〜20のデキストリンを用いることが多い.

(2)「ヌガー」

組成的には「ハードキャンディー」に近いが,ゼラチンなどの起泡剤によって「マシュマロ」などと同様に気泡を有する「キャンディー」で,食感的には「ソフトキャンディー」といえる．そのため,保存時には「ハードキャンディー」よりも湿っぽく,ぐにゃぐにゃした食感になりやすいので,水あめより低DEのデキストリンを用いている.

(3)「でん粉ゼリー」

「ゼリー」は,ショ糖と水あめをゼラチンや寒天,でん粉などの凝固剤で固めたものである．わが国ではゼラチンで固めた「ガムゼリー」が多いが,欧米ではコーンスターチで固めた「ガムドロップ」が有名である．「ガムドロップ」の強度を出すとともにゲルの形成時間を短縮するために,酸処理コーンスターチや加圧蒸煮したハイアミロースコーンスターチが,水あめなどの糖液に約10%混合され,望ましい食感の「でん粉ゼリー」[3)]が作られている.

またわが国でも,ショ糖や水あめの約20%のもち米粉を用いたでん粉ゼリーといえる求肥(ぎゅうひ)あめ（朝鮮あめ）があり,これらはいずれも加熱煮詰めにより最終製品水分に近いところまで濃縮された後，スターチモールド中で脱水乾燥される．

(4) 掛け物

「チョコレート」の油脂のしみ出しや「チャイナマーブル」などの膨張によるひび割れ防止や表面のつや出しをするために，糖液をコーティングした菓子類を掛け物という．コーティングは，回転鍋の中で通常アラビアガムを加えた砂糖シロップを掛けているが，できるだけスムーズな均一な膜となるような材料や配合が重要である．最近ではアラビアガムの代わりに，造膜性にすぐれ，ひび割れのできにくい掛け物用の低DEデキストリンも市販されている．また皮膜の白色化や最後の着色の“冴え”をよくするために，米でん粉やコーンスターチをコーティングシロップに混合することも一般的に行われている．

5. 焼 菓 子 類

小麦粉や米に加水，混練した生地を加熱，焙焼して作られる「クッキー」「ビスケット」「米菓」は，いずれも硬い多孔質の組織で，サクサクしたクリスピーなテクスチャーをもつ．含有水分が5%前後と低く，製品中の糊化でん粉の老化も抑制されるので，吸湿を防止すれば保存性に優れたインスタント性の高い糊化済み食品といえる．

5.1 クッキー

タンパク質含量の少ない薄力小麦粉を主体に油脂，ショ糖，卵，膨張剤などを水と練った水分20〜30%の生地を，薄く小型に成型して 140〜180°C の高温で 10〜20 分焼き上げた洋菓子の一種で，イギリスでは「ビスケット」と呼び，その大部分をアメリカでは「クッキー」と呼んでいる．わが国では両者の明確な区別はないが，副材料の油脂やショ糖の使用量が多く（「ソフトドウビスケット」に相当），手作り風の外観で風味よく焼き上げたものを「クッキー」と呼ぶことが多い．

「クッキー」の嗜好性は外観，風味，硬さ，食感などであるが，最も重要なのはもろくてサクサクする食感でショートネスといわれる．従来より，油脂量が多いと良好なショートネスを示すが，ショ糖や卵を適度に用いるとショートネスが低くなることが経験的に知られている．

「クッキー」の配合材料がショートネスに与える影響は，小麦粉に含まれるでん粉やグルテンを変性させたモデル小麦粉を用いた油脂無添加「クッキー」の評価から，グルテンよりもでん粉粒の加熱による糊化の度合いの影響の方が大きいと推察[4]されている．すなわち，膨潤を抑制したでん粉を含む「クッキー」は，油脂添加でショートネスを出させた「クッキー」の組織構造に似ている．これは油脂が，小麦粉中のでん粉のアミロースと複合体をつくり，加熱時にでん粉の膨潤を抑制し，「クッキー」中で糊化でん粉の連続構造が発達しにくく，優れたショートネスを示すと考えられる．事実，市販の「クッキー」や「ビスケット」中のでん粉を偏光顕微鏡で見ると偏光十字が観察できるところから，完全に糊化しているわけではなく，多くのでん粉は半糊化の粒状構造を保っており，含有する気泡とともに口溶けのよいショートネスを作っていると考えられる．

また小麦粉の代わりにでん粉を用いた「クッキー」は，代替率が増すと官能評価が劣る．しかし，コーンスターチで20%，馬鈴薯でん粉では40%では“好きだから時々食べたい”と評価されて代替の可能性がある[5]．でん粉の代替率の増大に伴いタンパク質含量は当然低下するが，タンパク質は「クッキー」の食感とはあまりかかわりがなく，でん粉の物性が大きく関与していると考えられる．

「クラッカー」や「プレッツェル」は，膨張剤にイーストを用いる点が「クッキー」と異なるが，これら低水分の小麦粉系焼菓子の食感の向上に，加熱による膨潤を適度に抑制した加工でん粉が使用されている．この加工でん粉を使用して，小麦粉100部に対する油脂50部を35部に減量しても，小麦粉の20%を代替することで減量前の製品の形状，容積や食感がほぼ維持されるとともに，割れの防止などの効果も期待できる．

またデポジット法による絞りタイプのクッキーでは，焼成中の生地だれを防ぎ，絞り模様をきれいに残すために通常，加水を少なくするが，砂糖の溶解が不充分になりがちとなる．この対策として少量の糊化済みでん粉が使用され，生地の機械適性の改善が図られている．このほか，吸湿性の防止にDE 15～25のデキストリンの練り込み，また一般に油脂が用いられているつや出しへの還元デキストリンの代替なども考えられる．

5.2 米　　菓

米を原料とするわが国独特の焼菓子である「米菓」は，原料米の種類により製造法と品質が異なる．もち米を原料とした米菓は通常「おかき」「あられ」といわれ，口溶けのよいソフトな食感を有している．これに対し，うるち米の場合には「せんべい」といわれ硬い食感のものが多く，一般的製法は図 5.2 に示す通りである．

(1) もち米菓：　歩留り 90% 程度の精白もち米（でん粉はアミロペクチンのみよりなる）を 6〜20 時間水浸漬後，蒸きょう（餾）し，もち搗機で搗き上げる．このもちを練り出して軟化し，整形

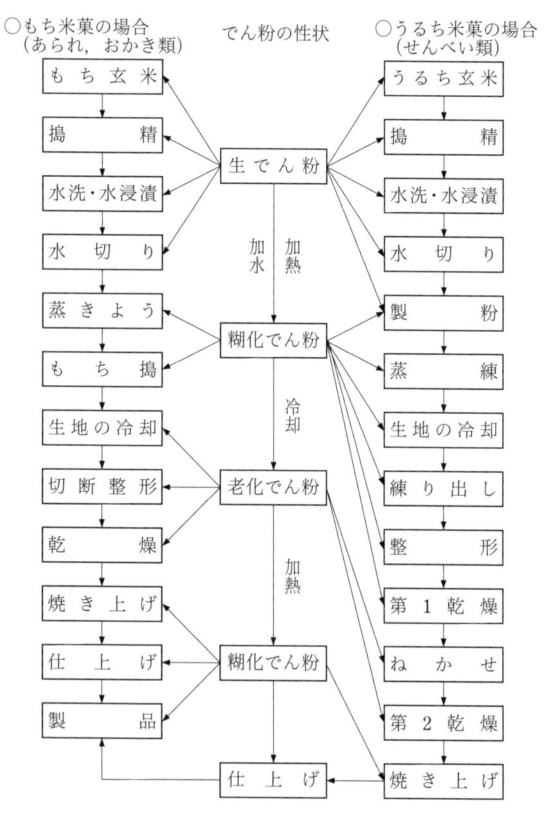

図 5.2　米菓製造工程とでん粉の性状（斉藤，1977）

して直ちに2〜3°Cに急冷して2〜3日硬化させたもち生地を切断後，水分20%前後まで乾燥，これを200〜260°Cで焼き上げた後調味付けなどを行い製品とする．

(2) うるち米菓：　うるち玄米を搗精(とうせい)し（でん粉はアミロース20%前後，残部はアミロペクチンよりなる），水浸漬後粉砕して新粉(しんこ)とし，これ蒸練機で蒸気とともに混練して生地にする．60〜65°Cに冷却し，整形，乾燥した水分10〜15%の菓子生地を焼き上げ製品とする．

両者の製造上の違いはでん粉の構成成分の特性の違いに基づく．水浸漬時の吸水量はもち米の約40%に対して，うるち米は約30%と少ないので，うるち米では新粉にしてから蒸気で糊化しながら機械的剪断力で生地とする．一方，もち米は吸水量が多いので蒸して米粒のまま搗くこと（スタンピング）でもち生地にするが，硬化しにくいので冷却，冷蔵することにより老化させて硬化速度を早めている．これらの製造工程中におけるでん粉の性状の変化も図5.2に示した．一般に「せんべい」と「おかき」の品質上の差異は，原料米中のでん粉の物性に合わせた製造工程中の糊化や老化状態の違いといえる．すなわち，「せんべい」はできる限りでん粉を老化させずにつくり，「おかき」は逆に老化させて焼き上げ時の膨化容積の大きいソフトな食感をつくり出している．

膨化容積は業界では“ウキ”ともいわれ，容積が大きくすっきりした外観をもったものは一般に食感や風味のよい場合が多いので，米菓の総合的な表現に用いられる．このうち，もち米菓に，大小の差はあるが共通する“ウキ”をもたらす多孔質組織構造は，膨化により発現する．すなわち，水分10〜20%のガラス状のもち生地は，加熱により軟化して伸展性が大きくなる．もち生地中の水分や空気は加熱により容積を増し水蒸気の膨圧も上昇する．このもち生地の軟化度合と膨圧のバランスによって，膨化現象が起こる[6]と推定される．

したがって，うるち米，もち米の相違はあっても，もち生地の調製条件や焙焼条件によって，大きく膨化させてソフトな食感にしたウキ物や，膨化を抑えて硬い食感にしたシメ物，この中間物などの製造も可能となる．この膨化度合や食感，形状の改良に，もち米菓・うるち米菓にはワキシーコーンスターチが，うるち米菓には小麦でん粉やコーンスターチ，馬鈴薯でん粉，タピオカでん粉が使用されている．

ワキシーコーンスターチの添加は，風味，食感を損うことなく冷蔵時の硬化時間を約2/3に短縮する効果や火の通りの良さなどを

表 5.2　ワキシーコーンスターチ混合もち生地および膨化品の物性と風味（小島，1987）

混合比	もち米	100	80	60	0
	ワキシーコーンスターチ	0	20	40	100
生地特性	生地の状態	良好	良好	良好	良好
	硬度（kg）				
	1日後	22	24	28	30
	2日後	29	33	35	34
	3日後	33	35	36	35
膨化品特性	比容	2.1	2.1	2.2	2.5
	硬度	3.5	3.8	3.7	0.7
	風味	良好	良好	良好	弱い
	食感	良好	良好	良好	ソフト
	その他	—	—	口溶け性速い	最中の皮様

もたらす[7]．多量の添加は米菓の風味が低下し淡白になるが，新規な味付けには都合がよい（表 5.2）．しかし添加量が 10% 以上になると乾燥，焙焼時にひび割れを起こしやすく，この防止にはエステル化やエーテル化でん粉が効果的である[8]．

5.3 えびせんべい

馬鈴薯でん粉を主体にエビやショ糖などの調味料を添加して糊化と同時に膨化させ，サクサクした食感を付与したものが三河地方特産の「えびせんべい」である．昭和初期（1930 年代）に完成されたこの技法は一度焼きで，米菓のシメ物と同じような硬い食感を呈する．最近では口溶けのよいソフトな食感が求められ，糊化，乾燥した生地をさらに焙焼して膨化させる，米菓の製造に似た 2 段法がとられた，「でん粉せんべい」の一種ともいえる．

膨化の度合いは，馬鈴薯でん粉，甘藷でん粉などの地下でん粉が小麦でん粉やコーンスターチに比べて大きい．馬鈴薯でん粉は，膨化する際気泡をガラス状の薄膜が囲む構造を形成するために，口溶けのよいソフトな食感になるので長い間使用されてきている．この膨化現象は米菓の場合とほぼ同様で，でん粉糊生地の加熱による物性変化の状態と水蒸気の膨圧とのバランスによるものである．

「えびせんべい」に添加されるショ糖や食塩は膨化容積を増加させるが，エビすり身などのタンパク質は低下させる傾向にあるので加水量の増加が望ましい[9]．しかし，膨化の基本的現象はほとんど変わらず，でん粉粒を充分に膨潤，分散させて伸展性や粘着性の優れた糊液を作ることが膨化容積の増大につながる．このような物性を与えるエステル化でん粉などの添加により，多量のエビすり身を使用しても膨化性に優れ口溶けのよい製品が得られている．

5.4　衛生ボーロ

和菓子のなかの焼干菓子の一種である「衛生ボーロ」は，小児用の菓子として古くから親しまれている．その特徴はソフトで口溶けがよく，清涼感に富んでいることである．

「衛生ボーロ」の材料はでん粉，ショ糖，鶏卵，水あめ，練乳などであるが，これらの半量以上を馬鈴薯でん粉が占める．すなわち，ショ糖，卵や練乳をよく混合，これに水溶きした膨張剤，馬鈴薯でん粉を加えて混練する．この水分約20%の生地を球状に整形，表面に水を噴霧し約200°Cで下火を弱めて焼き上げる．

市販の「衛生ボーロ」の酵素法による糊化度は10～18%と非常に低く，電子顕微鏡の観察では馬鈴薯でん粉粒が石垣のようにぎっしりと詰まり，でん粉粒の接した部分に砂糖の結晶が認められ，クッキーと同様に残存でん粉粒により独特の食感を与えていると考えられる．ちなみに「クッキー」の糊化度も約20～30%と非常に低い．

また各種でん粉を用いた「衛生ボーロ」の物性は表5.3のようで，膨化容積は馬鈴薯，甘藷，コーンスターチ，小麦でん粉の順に小さくなり，圧縮による硬さは馬鈴薯でん粉が一番小さい．また甘藷でん粉は色が黒く，コーンスターチはソフト感に劣り，小麦でん粉は容積が最小で口溶け，清涼感に欠けている[9]．これに対し，糊化温度の低い馬鈴薯でん粉は，ソフト感と口溶け，表面のつやや色沢が良く「衛生ボーロ」の原料として最も適しているので，古くから使用されてきた．

表 **5.3** 各種でん粉による「衛生ボーロ」の物性（杉本，1992）

種類	生地水分 (%)	圧縮時の硬さ (kg)	容積 (mL/g)	備考
馬鈴薯	19.3	2.8	1.96	口溶け良好 清涼感あり
甘藷	21.4	4.1	1.74	口溶け普通，やや異臭あり やや粉っぽい感じ
コーンスターチ	18.0	5.0 以上	1.75	口溶けやや劣る やや粉っぽい
小麦	18.4	5.0	1.54	口溶け劣る 清涼感劣る
市販品	—	3.8	2.44	ソフト感あり 清涼感あり

5.5 スナック類

「スナック」は手軽に食べられる便利さ，さまざまな風味付けにより，子供のおやつから大人の酒類のつまみまで，広く好まれている食品である．原料別では「クッキー」「プレッツェル」などの小麦粉系，「ポテトチップス」などのポテト系，「コーンチップス」などのコーン系，ナッツ系やミート系もあり，わが国の場合には「おかき」などの米菓系もこの範疇と考えてよい．

製造法も，トウモロコシや米などの穀粒を熱膨化させる方法，「コーングリッツ」などの穀粉をエクストルーダーで直接にパフする方法，蒸練機やエクストルーダーを用いて作った生地を乾燥してフライ，あるいは焙焼するペレット法などがある．ペレット法はわが国独特の方法で米菓製造法の応用であり，米の代わりに小麦粉を用いた製品もある．

スナック菓子の特徴はパリッとしてサクサクした歯触りにある．この食感は種類により微妙に異なるが，いずれも独特の多孔質構造に起因している．この構造はでん粉で形成されるが，スナックの種類により糊化の状態には大きな差が見られる．「クッキー」「衛生ボーロ」では膨潤粒が多く残っているが，「米菓」「えびせんべい」ではほとんど見られず，薄膜構造となっている．これは加熱糊化時の水分の影響とともにでん粉の物性によるところも大きいので，従来より伝統的に用いられているでん粉や，でん粉質穀粉などの主原料を変えると新しい食感を得ることもできる．

たとえば，「ポテトフラワー」にタピオカでん粉を添加した成型ポテトスナックは，膨張型スナックで「ポテトチップス」とは異なった組織構造をもつ．また，ハードクランチ性のある低膨化性のスナック製品が均一に容易に製造できるスナック用ペレットが，部分的に糊化した架橋ワキシーコーンスターチやハイアミロースコーンスターチを原料にして作られている[10]．

6. パ　ン　類

小麦粉を主原料とするベーカリー製品は，クッキー類とは異なり水分の多い気体-固体よりなる軟らかい多孔質のでん粉質食品といえる．代表的製品である「食パン」は図 5.3 に示すように，通常は小麦粉全使用量の 70% とイーストや生地改良製剤を水で混練した中種（なかだね）生地を発酵させた後，残りの材料である小麦粉，イースト，食塩，ショ糖，油脂類や乳製品を加えて生地をこね上げ，整形ホイロによる発酵，焙焼などの工程により製造される．この中種生地法

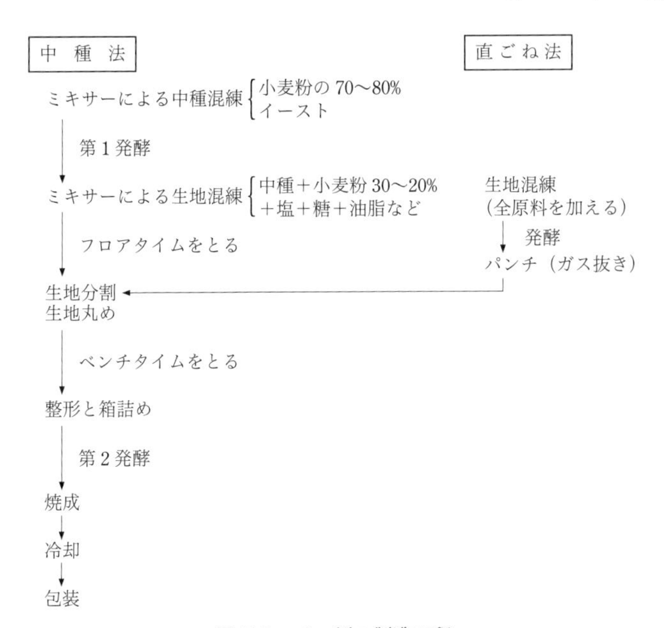

図 5.3　パン類の製造工程

は，直ごね生地法に比べて製造時間が長いがロット変動が小さいことから，わが国では広く用いられている．「パン」の嗜好性は外観，食感，風味であり，消費者は主として内相の色と食感の軟らかさが判断指標で，ふわふわした復元性のよいしっとりとしたスポンジ状の食感を好む．具体的には，指先で切り口を全面にわたって押した時に，ソフトでビロードのような感触を呈するものが良いとされる．

「パン」特有の食感が発現するには，加水，混練により形成された小麦グルテンの強いスポンジ状組織の中に，発酵により生成された炭酸ガスが充分に内包されていることが重要である．この粘弾性の強い「パン」生地は焼き始めて50〜60°Cになると流動性が出てくる．これはでん粉粒の膨潤と酵素分解によるものと考えられる．温度の上昇によりでん粉粒が糊化し，水分の蒸発と熱変性によるグルテンの硬化によって「パン」の弾力性が作られる．でん粉の糊化時に溶出したでん粉成分は，固定化されてガスを内包したスポンジ状組織を強固にするが，保存時の「パン」の劣化の原因にもなる[11]．

「パン」内相部のでん粉の糊化状態は，中心部よりもクラストに近い部分の方がより進行している（図5.4）が，一部のでん粉は未だ結晶構造を残している[12]．でん粉の糊化には多くの水分を必要とするが，「パン」生地の水分は45%前後で十分でないためと推察できる．このように「パン」内相のでん粉は，膨潤，崩壊，さらに

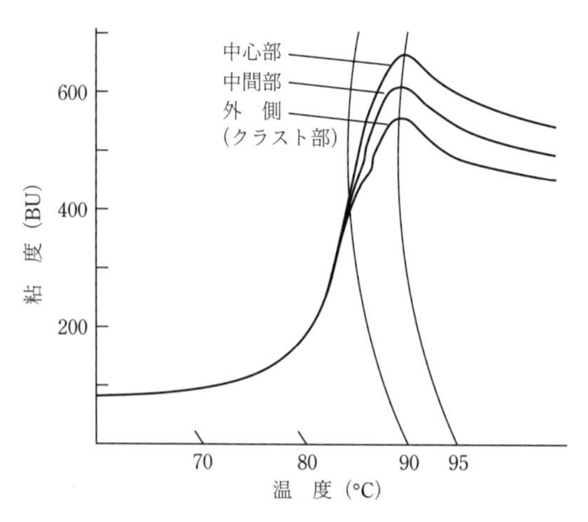

図5.4　「パン」内相部の相違によるアミログラム
(T. Yasunaga, 1968)

微量なデキストリン化とかなり幅広い状態で存在し，硬化したグルテンや気泡とともに特有の食感に寄与していると推察される．

「パン」は焼成後，時間とともに内相は硬くなり，パサパサした好ましくない食感となり品質が劣化する．この原因は水分の減少や変性グルテンの硬化，溶出したでん粉成分や膨潤粒内の分子でん粉鎖の再凝集によるでん粉の老化とみる説が最も有力である．この抑制には，糖類，乳化剤，増粘剤などの添加やミキシング，発酵，ホイロ，焼成などの製パン条件の改良で行われている．

「パン」の劣化防止に小麦粉の一部を加工でん粉とグルテンで代替することや糊化済みでん粉の添加などが提案されるが，作業性や得られた「パン」の食感などから，実用化されているものは少ない．しかし最近，冷水膨潤度と加熱膨潤度が近似した物性を示す加工でん粉が製パン用に市販され，実用化され始めている[13]．この加工でん粉は膨潤抑制糊化済みでん粉で，小麦粉に2～4%添加することにより経時的な品質劣化を抑制するとともに，ソフトな食感を有する「食パン」や「菓子パン」が得られる．また「フルーツブレッド」の保存で，生地からドライフルーツへの水分移行による硬化防止，「イーストドーナッツ」の吸油量の減少などの効果も見られる．「パン」の種類や生地の硬さによって添加量や加水量は異なるが，一般に使用量の3～5倍量の加水により充分な効果が期待できる．

「パン」のおいしさの基本は焼きたてにある．この新鮮なパンの提供や多品種少量生産を目的に1970年代にアメリカで開発された冷凍生地製パン法は，わが国でも1980年代に入って冷凍耐性酵母の開発につれ普及し出した．冷凍生地は，普通直ごね法で作られている．この生地を，多くは分割または整形後－40℃で急速凍結し，－20℃で貯蔵，使用時に解凍した後，中断した工程から焼成まで行い，焼きたての「パン」として供給される．しかし，冷凍生地を用いるとナシ肌の発生や製品容積の低下，食感の悪化などの問題が生じる．この改善方法として，「パン」生地の加水量を減少，酵母の増量やショ糖，油脂含量を高くするなど，種々の方策がとられている．しかし，前述の「パン」のソフト化が図れる膨潤抑制糊化済みでん粉と少量のでん粉分解酵素製剤を併用することにより，冷凍生地を用いた場合の問題点も解消できる．すなわち，この加工でん粉を強力粉100部に対し2部添加するとともに，超強力粉（タンパク質14%以上）を10部代替，加水量も50部から57部に増量し，焼成時間を10%長くすることによりソフトな食感を有する食パンや菓子パンを作ることができる．この際，L-アスコルビン酸やイーストはやや多めの使用が効果的である．

7．洋生菓子類

洋生菓子には小麦粉，ショ糖，卵を主原料とするスポンジケーキ類，さらに油脂を添加したバターケーキ類やシュークリーム類などがある．これらは同様の組織と食感を示すパン類とは配合や製法が異なる．すなわち，タンパク質含量の少ない薄力粉を用い全卵やショ糖を多量に使用し，卵の起泡性を利用してスポンジ状の組織に焼き上げ，しっとり感のある復元性の強い食感が特徴である．得られたケーキ類はそのままで，あるいは仕上げ用加工材料で色々な風味付けやクリーム類などで装飾され，見た目のおいしさが演出される．

原料に水を加えてホイップした比重0.4〜0.5のケーキ生地は，加熱によりわずかな粘度の低下や膨張が起こる．80°C付近で小麦粉中のでん粉の糊化が始まり，生地の粘弾性や生地内部の水蒸気圧の上昇で生地の膨張は激しくなり，独立気泡構造から連続気泡の多孔質構造に変化し，90°C付近では小麦タンパク質や卵タンパク質が熱凝固して，ケーキ組織がさらに強くなると推定されている[14]．

また，小麦粉を用いずでん粉のみを用いた「ケーキ」では，でん粉の物性による特徴の違いが見られる．馬鈴薯でん粉やタピオカでん粉は，しっとり感はあるが糊の感じが残り口溶けが悪い．糊化温度の高い小麦でん粉やコーンスターチはよい食感を与える．しかし，「小麦でん粉ケーキ」では，気泡が細かく均一で柔らかいケーキ組織になるが，乾燥したようなパサパサした感じで粘着性がない．これは，生地調製時にでん粉粒が気泡の周囲に配向した組織が焼成で固定されたからである．これらから，「スポンジケーキ」のしっとりした食感には小麦タンパク質も関与しているが，強い弾性を示す組織構造の保持やケーキ容積の増大には半糊化状態の小麦でん粉粒が主体となっている[15]と考えてよい．なお，小麦粉を全く使用しない「でん粉ケーキ」の特性や食感は，新しい「ケーキ類」の開発のヒントになり得る．

一般にケーキ類は，容積が大きく内相のきめや食感にすぐれ，しかも経時変化の少ない製品が望まれる．この場合の“容積の大きいこと”とは，オーブン中でふくらんでいた「ケーキ」が，冷却中に「ケーキ」の上部に生ずるへこみ（“窯落ち（かまおち）”，“沈み”ともいわれ，「ケーキ」の剛性率の低下による）の小さいことをも含んでいる．さらに最近では，軽くて口溶けのよいものが好まれる傾向にある．

「ケーキ」の品質向上として焼成後の沈みの防止に，焼成直後の「ケーキ」にショックを与え，独立気泡型から連続気泡型に多孔質構造を変換させる物理的方法，ケーキ生地中への気泡混入量の増大のための乳化剤の添加，さらには小麦粉の改質のための熱処理，塩素処理や糊化済みでん粉の添加など，各種の方法が試みられている．最近では，適度に膨潤を抑制した加工でん粉が注目されている．この膨潤抑制でん粉のなかで，老化でん粉，湿熱処理でん粉，油脂加工でん粉に比べて，架橋タピオカでん粉の効果が最も良好である[16)]．

「スポンジケーキ」や「バターケーキ」の小麦粉の20～30%をこの加工でん粉に置き換えることにより，焼成時の沈みを防止するとともに容積の向上が図れる．また，小麦粉の配合量が減少し，ホイップ性も向上するので，乳化剤や乳化油脂を少なくすることも可能となる．同様の効果は，「どら焼」やホイップさせない「今川焼」などの焼和菓子，「まんじゅう」「中華まん」の皮などの蒸し菓子，「クッキー」などの焼菓子でも見られる．なお，代替率を50%以上にしても容積が大きく内相にすぐれ，しっとりした食感を冷蔵下でも保持できるように，さらに改良された加工でん粉も開発，市販されている．

洋生菓子の1つであるシューケーキ類は，小麦粉の糊化の程度や卵の添加量，生地温度などによりシュー皮の品質が変動しやすい．このため，物性の異なる糊化済みでん粉を混合したシュー皮用ミックスがある．卵や油脂，水と混ぜ合わせるだけで好みの粘性のシュー生地となるので，「シューケーキ」や「パン」の上掛けなどの使用が容易となる．

8. 和 生 菓 子 類

和生菓子はバターやクリームなどの油脂を使わないため低エネルギー食品で，主材料が小麦や米などの穀類，あんになるアズキなどで食物繊維が多いので，健康志向食品として最近人気が高まってきた．また，焼き物が主流を占めている洋生菓子に比べて，「まんじゅう」「だんご」などの蒸し物，「ようかん」などの流し物や「らくがん」などの打ち物，「今川焼」などの焼物など，その種類も使用材料も多い．

今日の和菓子は，奈良，平安時代に中国から伝来した唐菓子の技術を用いて和風に合った菓子を作り出したことに始まる．古くからの老舗を除いて，機械化や冷蔵，冷凍保存による生産，流通の合理化も進められている．これらの和生菓子の製造において，品質やコストの安定化，保存性の向上に効果を上げているでん粉や，その分解物の動向は次のようである．

8.1 でん粉系菓子

でん粉にショ糖を加え，加熱糊化してゾル状あるいはゲル状にして食べる和菓子は多い．

「くず湯」は，古くからクズでん粉をベースとした濃度3～4%のゾル状の食品である．クズでん粉が高価で生産量が少ないため，馬鈴薯でん粉で代用されることが多いが，嗜好性から見るとワキシーコーンスターチやタピオカでん粉も推奨される[17]．

「くずざくら」はクズでん粉を生地とし，「あん」を包んだ蒸し物であるが，透明性のよい馬鈴薯でん粉で代用することが多い．この場合，コーンスターチを併用し半糊化状態で「あん」を包み整形した後，蒸し加熱により完全糊化させると作業性が向上する[18]．

「わらびもち」は，本来ワラビでん粉を用いるが入手困難となり，自然乾燥した甘藷でん粉で代替されている．しかし，独特の食感と透明さが好まれ，需要の多かった関西地方から関東地方へと広まり品質の劣化が問題視されてきた．このでん粉の老化による劣化防止には砂糖の増量や，エーテル化やエステル化タピオカでん粉の使用が主体になっている．東京近辺に古くからある「くずもち」は，小麦でん粉のみで作られ，「わらびもち」と対照的に不透明で硬い食感が特徴である．

8.2　小麦粉系菓子

「まんじゅう」「カステラ」に代表される小麦粉系和菓子の食感の改良や保存性の向上にも，洋菓子と同様に架橋タピオカでん粉や膨潤を抑制した糊化済みでん粉の単体，あるいは併用が効果的である．

8.3　もち米系菓子

もち米は「大福もち」などのもち菓子，「ぎゅうひ（求肥）」「らくがん」，豆かけ物や「最中（もなか）」の皮種など広く用いられているが，もち米を粉にして菓子材料としている．もち米を乾式粉砕した「もち粉」，水挽（みずひ）きした「白玉粉」，もち米を蒸し乾燥した後粗粉砕した「道明寺粉」，薄くのばしたもちを焼いて粉砕した「寒梅粉（かんばいこ）」など細かく分類すれば10種類以上になり，「道明寺粉」「寒梅粉」は糊化済みもち米粉ともいえる．ワキシーコーンスターチは，これらのもち米粉とほとんど同じ物性を示すので，品質やコストの安定化のために併用されることが多い．

和菓子のなかでも需要の多い「だんご類」「大福類」，日持ちの悪い「羽二重（はぶたえ）もち」などの硬化や離水の防止に，各種の加工でん粉や還元デキストリンがそれぞれの配合に応じて使用され，効果を上げている．

8.4 米飯系菓子

「おはぎ」などの米飯の成型に包あん機が導入されるにつれて，米粒の機械からの離型性や損傷防止のために低分解度 [5% 粘度 100 cP (0.1 Pa･s)] のデキストリンが用いられる．これらはもち米（乾粒）に対して 2～6% を目安に炊き込み水に添加される．添加比率の増大につれ，ほぐれや米粒のつやの改善もできるが，米粒の吸水を阻害するので炊き上がりが硬くなる傾向が見られるために，加水や蒸し時間の延長が必要となる．

8.5 あ ん 類

アズキの細胞でん粉であるあん類は，和生菓子に必須の材料である．「練りあん」は用途や種類により配合材料が異なり，一般に「あん」に対して 60～100% の糖類を加え煮詰めるが，減甘やつや出しのためにショ糖の約 30% を還元デキストリンにすることが多い．また水分含量の高いあんに対しては，水分移行や分蜜の防止のために，「生あん」に対して 1% 前後の架橋したエーテル化でん粉を加熱前に添加することもしばしば行われる．

9. 麺　　類

9.1 「うどん」のコシとでん粉

ベーカリー製品は焼き上げの際に生地水分は45%から38%まで低下するが，多孔質の軟らかいテクスチャーであるが，「うどん」は同じ小麦粉2次製品でも生地をゆで上げると吸水して水分は35%から60～70%に上昇し，硬いゲル状の“コシ”を形成する．「うどん」の官能評価では硬さ，粘弾性や滑らかさなど“コシ”と呼ばれるテクスチャーが大半を占める．

「うどん」は，ゆで上げる前は硬いだけで弾力性がないが，水中で加熱し麺線中のでん粉が適度に吸水，膨潤すると透明感を増して充分な弾力性のあるうどん特有の食感を呈する．この場合，麺線中のでん粉は粒構造を残しているが，さらに加熱するとでん粉粒はすべて崩壊してコシも弱く表面が荒れ肌となる．この「うどん」の食感は，原料の小麦粉の種類や品質改良剤，製造法や調理法でも異なるが，小麦粉のでん粉粒の物性が大きく影響する．たとえば，13種類の外麦から分離したでん粉の特性と「うどん」の嗜好性との関係を見ると，含有でん粉のアミロース量が少なく，アミログラフの粘度低下の大きいでん粉を含む小麦粉は，うどん適性が優れているが，タンパク質含量との相関関係は乏しいとされる[19]．また，食感の良い農林61号と悪いムカ小麦からでん粉とグルテンを分離，それぞれを組み合わせた合成粉から作った「うどん」の物性は図5.5のようで，食感の悪いムカ小麦の引張りヤング率は高く，合成粉でもムカ小麦のでん粉の方が引張りヤング率が高く食感を悪化させている[20]．

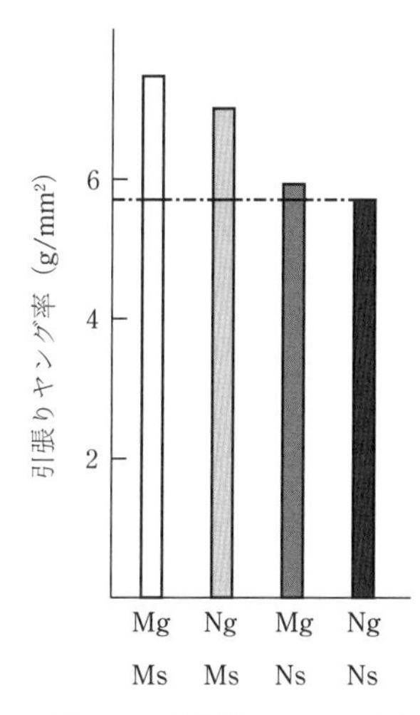

図 5.5　成分組み合わせを変えた再構成粉の麺の物性（柴田，1988）

小麦粉の加工適性は一律ではない．生地物性そのものは製パン適性の評価に有効であるが，うどん，特に機械製麺の食感にはあまり関係がなく，含まれるでん粉の構成成分，糊化特性や粒径の影響が大きい．

このような観点から，「うどん」に種々のでん粉を添加し，食感の改質や保存性の向上を図る試みは昭和40年（1965年）代より始められた．たとえば，ワキシーコーンスターチは最もソフト感があり，のどごし，つるつる感に優れている．また，タピオカでん粉はワキシーコーンスターチに似ているが，ゴム感のある強い弾力性を呈する．馬鈴薯でん粉も硬さのあるプリプリしたテクスチャーを示す．なお，食塩などの塩類は結果的に吸水膨潤を抑制するので，塩濃度の調節が必要になる．コーンスターチはボソツキのある硬い食感となるのでほとんど使用されないが，とり粉に用いられている．

ところで，麺類をゆで上げたときにおいしさを感じさせる食感は，時間とともに低下する．これは，ゆで上げ直後の麺の外側の水分（約80%）と中心部の水分（約50%）が異なり，噛んだ時に外側で粘りを，中心部で硬さを感じ，全体として特徴のあるコシを示すからである．しかし，時間がたつと水分が中心部へ移動して均一化され[21]，コシがなくなり伸びた状態になる（図5.6）．この防止のために，冷凍麺や3層麺など加工法の工夫も行われるほか，各種の添加物による方法も行われる．でん粉系ではワキシーコーンスターチやエステル化，エーテル化，架橋などの加工でん粉，あるいはこれらの混合系加工でん粉が湯伸び防止用に5〜30%添加される[22]．

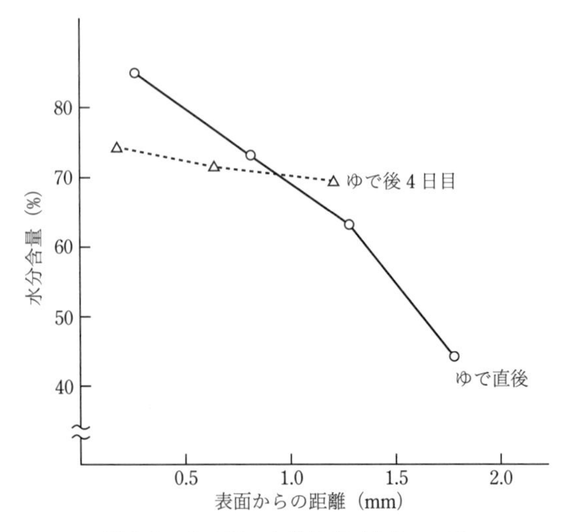

図5.6　ゆで麺の水分分布（小川，1990）

でん粉の添加は食感の改質のほか，保存性の向上やゆで時間の短縮化にも効果が大きい．

9.2 即席麺へのでん粉の利用

最近の麺分野，特に即席麺では差別化，グルメ化，ファッション化などで多岐にわたる商品が開発され，これに適合するでん粉も多数登場している．図5.7に各種即席麺の代表的な製造工程を示した．

1)「ロングライフ（LL）麺」

ゆで麺として100〜180日間常温保存するので，その間に食感が硬くなりやすい．また熱湯を入れて喫食するタイプが多く，この場合の麺の温度は70〜80°C位までしか上がらず，この温度帯では戻り感，つや，透明感が乏しく嗜好性に欠ける．このため製麺時のミキシング，複合や加熱工程，pH調節剤などの保存技術の改良が図られた．

副材料の検討も進められ，保存安定性にすぐれ，戻り温度の低いタピオカでん粉やワキシーコーンスターチが用いられてきた．しかし最近では，さらに高度の機能を有するエーテル化，エステル化でん粉が主体となり，通常20〜40%添加される．

2)「冷凍麺」

釜揚げ状態で凍結することにより水分勾配が不均一のまま保存できるので，理想的に冷凍，解凍できれば最上の食感で喫食できる．しかし実際には，冷凍条件によってはゆで麺中の糊化でん粉が老化し，食感が硬くなる．この改善にタピオカでん粉，ワキシーコーンスターチ，馬鈴薯でん粉やこれらをベースとした加工でん粉が10〜20%添加される場合が多い．

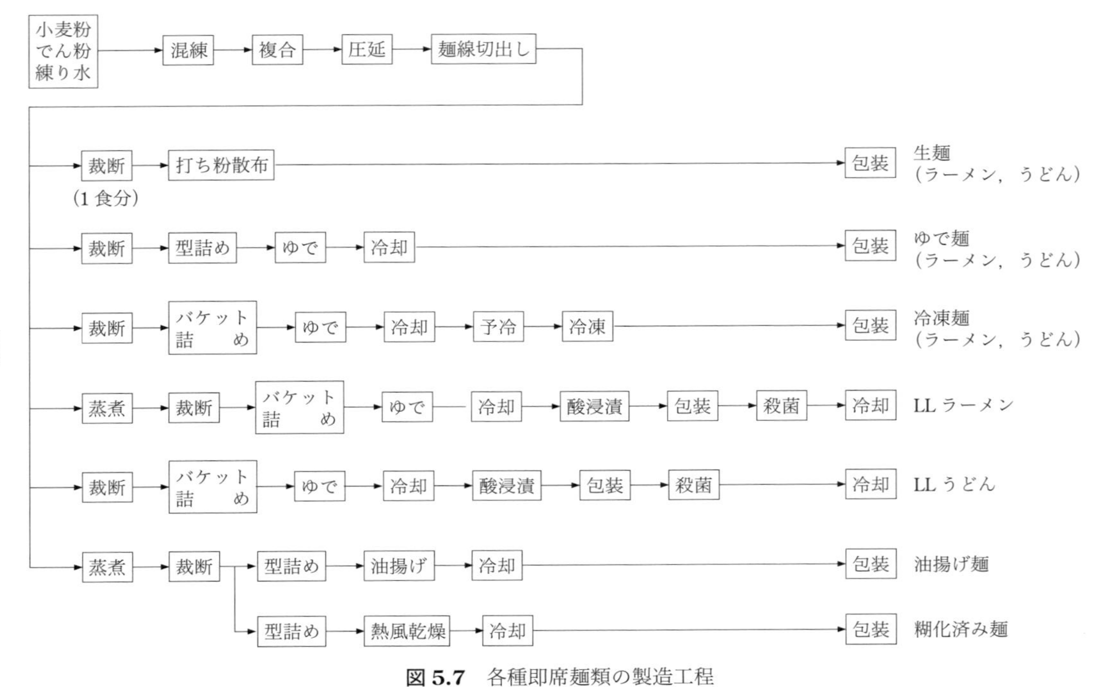

図 5.7　各種即席麺類の製造工程

3)「チルド麺」

「チルド麺」の形態には生，ゆで，蒸しがあり，調理法には水さばき，湯戻しがある．保存による食感の硬化は，冷凍麺と同様にでん粉類の 20～50% の添加で解決できる．特に，水さばき麺は小麦粉のみでは不可能であり，エーテル化でん粉が賞用されている．

4) その他の麺

「乾麺」のゆで時間の短縮や油揚げ麺の復元時間の短縮のため，加工でん粉が使用される．この場合，麺の種類により使用でん粉も異なる．たとえば，カン水を使用するラーメンはアルカリ性となるので耐アルカリ性のあるエーテル化でん粉が好ましく，また多加水麺用には膨潤を抑制した糊化済みでん粉，ゆでたときに濁りの出ないとり粉，麺線の付着防止のためのデキストリン類も市販されている．

最近，でん粉の添加量の増大に伴い製造設備面でも改良が進められているが，なかでも真空麺帯機の登場により麺製品のバラエティー化が顕著になってきている．

9.3 その他の麺類

1)「手延べそうめん」

関西地方で古くから製造，市販されている「手延べそうめん」は独特のコシの強さ，のどごしの良さから好まれている．この製法は普通の乾麺とは異なり，製麺時に不飽和脂肪酸含量の高い綿実油を約 0.5% 塗布した後，倉庫内に貯蔵して高温高湿の梅雨期を越す，いわゆる“厄（やく）”と呼ばれる工程がとられている．この厄前後におけるそうめん中の脂質やタンパク質の変化やこれらの相互作用のを調べたが，油の効果は主としてでん粉に対するものであり，貯蔵中に遊離した脂肪酸が小麦でん粉中のアミロースと複合体をつくり，加熱時のでん粉粒の膨潤を抑制してアミロースの溶出を抑え，弾力のある硬い食感が得られると考えられる[23]．

「手延べそうめん」は，厄現象を経て得られた伝統食品の1つといえる．これをヒントに，新しいテクスチャーを有する麺や食品素材の開発も可能となる．たとえば，水産ねり製品をはじめとする加工食品に使用されている油脂加工でん粉は，この一例である．

2)「はるさめ」(でん粉麺)

でん粉麺の一種である「はるさめ（春雨)」は中国で古くより「粉絲（フェンスー）」といわれ，緑豆を発酵して得られる粗でん粉（タンパク質含量1.2%）を原料として製造され，品質の優れていることから多量輸入されている．

わが国では昭和10年（1935年）代，中国の技法を模した国産「はるさめ」が作られ，現在に及んでいる．「はるさめ」は熱湯をかけ，軽くゆで戻して直ちに食べられる食品で，酢の物，すき焼，サラダ類などに使われる．その原料は甘藷でん粉が最も多く，馬鈴薯でん粉やコーンスターチも混合される．

国産「はるさめ」は図5.8に示すように，まず使用でん粉の3〜4%に相当するでん粉でつなぎ用の粘性の低い糊液（キャリア糊）を作り，これに残りの乾燥でん粉を加えて濃度50〜55%のスラリーを作る．これを細孔から熱湯中に押し出し，糊化した麺線は冷却，次いで−7〜−10°Cの冷凍室で24時間凍結し，冷水で戻してから天日乾燥する．この冷凍処理により，麺線内の糊化したでん粉分子は老化して再配列が進むので，麺は白濁するが調理時の煮崩れが

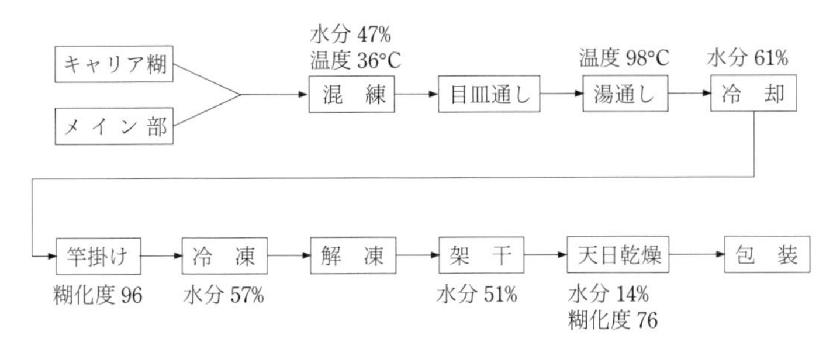

図 5.8 「はるさめ」の製造工程（山村ら，1975）

少なくなるとともに付着性が低下し，硬さともろさなどのテクスチャーが作られるなどの効果を示すことになる．

緑豆でん粉を原料とする中国産「はるさめ」は，一般に冷凍処理は行われていない．しかし，品質的には国産品に比べて透明で光輝度が高く，コシがあり，煮崩れが少ない．国産「はるさめ」の改質に糊化済みハイアミロースコーンスターチや大豆タンパク質などの添加が試みられている[24]が，糊化と冷凍による老化の組み合わせでテクスチャー形成する先人の知恵はさらに発展させる価値がある．

また腎障害者用食品として，タンパク質をほとんど含まない「でん粉麺」や2〜3%のタンパク質を含む「低タンパク麺」も，つなぎ剤として糊化済みでん粉やグァーガムなどの増粘多糖類を併用することにより製造，市販されている．

3)「冷　麺」

韓国で古くから市販されている「乾燥冷麺」に対し，最近「和風冷麺」が話題を呼んでいる．この和風の「半生冷麺」は，小麦粉に馬鈴薯でん粉を約30%配合したものが原料で，透明感があり弾力のあることが特徴である．一般には対粉 50% の加水で，少量のカン水や保存性向上のためにエタノールを混練，エクストルーダーで麺線を形成するが，このときの摩擦熱で約 100°C に達するので，でん粉の糊化も同時に進行する．その後，麺線の付着を防止するために急速冷却され，表面のみ乾燥する．包装された後 85°C40 分の蒸気殺菌して製品になるが，通風冷却工程は糊化でん粉の老化を促進している傾向が大きく，これが「冷麺」特有の食感の発現をもたらしていると推定される[25]．最近では品質向上のため，エーテル化でん粉も使用され始めている．

4)「ビーフン」

「ビーフン」はインディカ米の米粉を用いる押出し糊化済み麺である．ジャポニカ米の米粉だけでは糊化した麺線が乾燥の際に付着しやすく，そのうえ食感も軟らかすぎる．この改善のために馬鈴薯でん粉とハイアミロースコーンスターチの併用や，馬鈴薯でん粉とコーンスターチの約 20% の添加が行われている．

5)「インスタントスパゲティ」

高圧押出し成型され，熱水を注ぐだけで短時間で戻る「インスタントスパゲティ」「マカロニ」も開発されている．この改質には小麦粉に対して 10% の酸化でん粉の添加が有効[26]で，洋風麺特有の強いコシを与えることができる．

9.4　麺　帯　類

麺線を作る前の麺帯は，「ギョウザ」「シューマイ」「ワンタン」など中華料理用の皮に使用される．一般には強力粉または準強力一等小麦粉に少量の食塩と適当量の水を加えて練り上げ，圧延して成型する．また食感の改良のためにでん粉を加えることもあり，この場合に得られるテクスチャーは「うどん」の食感に似ている．

最近，これらの製品の食欲をそそるために，内部の具が見えるような透明あるいは半透明な皮も市販されている．この皮は小麦でん粉と馬鈴薯でん粉を混合して熱湯を加えて透明性をもたせたり，糊化済みでん粉と天然でん粉を混合して，加水により麺帯を形成したりする方法がとられている．このほか，架橋したエステル化あるいはエーテル化でん粉をさらに糊化し，単体や混合して使用すること[27]も試みられている．この場合には，ローラーへの付着防止や圧延時の離水防止など作業性の向上，冷蔵や冷凍時の透明性の保持や軟らかい食感の持続など，経時変化の少ないことが大きな特徴といえる．

10. 水産ねり製品

10.1 「かまぼこ」の特性

水産ねり製品はわが国では昔から魚肉利用食品として広く利用され，「かまぼこ」の名称で親しまれている．「かまぼこ」の起源は古く室町時代以前（1100年代）といわれ，初めは魚肉を食塩とともにすりつぶし竹串に塗って焼いたもので，その形が蒲（ガマ）の穂に似ているので「蒲鉾」と名付けられたとされる．後に，板に魚肉をつけて作るようになり，まぎらわしいので元の「かまぼこ」は「竹輪（ちくわ）」と名付けた．年代が進むとともに日本各地で多数の製品が開発され，それぞれ特有の名産品として発達した．たとえば，仙台の「笹かまぼこ」，小田原の「関東かまぼこ」，豊橋の「焼ちくわ」，大阪の

「焼かまぼこ」，山口の「白焼かまぼこ」，「宇和島かまぼこ」「なると」「はんぺん」「さつまあげ」など種類も名称も極めて多く，配合材料，形態，加熱法など独特の工夫をこらした地域性の高い製品が製造，販売されている．

これらの製品に一貫して望まれる性質に“アシ”がある．アシは弾力，硬さ，のどごしといったテクスチャー感覚であり，品質の重要な決め手となりそれぞれの製品により特徴がある．

一部の高級品を除くとでん粉が添加されるのが普通であるが，これは，でん粉が弾力の補強効果が特にすぐれ，アシ形成能力の低い魚種の多い現在では不可欠の補強剤となるからである．このほか，加熱時に糊化し多量の水を吸収するので遊離水の防止効果もあり，また，白色，無味，無臭であるところから製品の色調や風味を損うことが少ないなどの利点から賞用されてきた．2019 年では約 1.3 万 t のでん粉が畜水産ねり製品に使用されている．

10.2　水産ねり製品の一般的製法

水産ねり製品の種類は多いがその基本的な製法は同じで，魚肉タンパク質のアクトミオシンの網状構造の形成によって弾力あるアシが発現する．砕いた魚肉をただ加熱するだけでは水が分離しもろくなり「つみれ」となるが，魚肉をあらかじめ 2～3% の食塩とともに磨砕（擂潰（らいかい））すると粘稠（ねんちゅう）なペースト状の「すり身」になる．これを加熱すると弾力のあるゲル状になる．一般的な製法を図 5.9 に示す．品質の良いねり製品を作るためには原料魚の選定，砕肉時の発熱による魚肉タンパク質の変性の防止，水晒し時の油分や異物の除去による魚肉タンパク質の精製が重要である．擂潰は，魚肉の組織

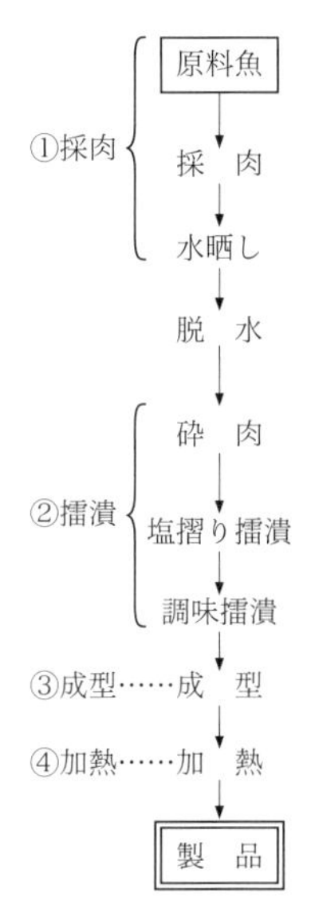

図 5.9　「かまぼこ」の製造工程

を破壊し，魚肉タンパク質を食塩で溶かし出し，加熱して網状構造をつくり出すために，最も注意を払う工程である．また加熱には蒸す，焼く，ゆでる，油で揚げるの 4 方法が用いられるが，いずれの方法でもその加熱条件によってアシは異なる．経験的には加熱速度が速いとアシは強く，遅くて低いと弱くなることが知られている．

優良原料魚の枯渇により，スケトウダラや未利用魚の冷凍すり身の使用が増え，これに伴って各種でん粉や水産ねり製品用に開発された加工でん粉が調味擂潰時に添加されるようになってきている．この場合，でん粉 1 部に対し水を約 2 部添加して，アシの強弱を調節することが一般的に行われる．

また，成型したすり身を休ませて加熱すると，成型してすぐに加熱したものに比べて弾力が強くなる．この現象は“すわり（坐り）”といわれ，でん粉添加後に行われている．

10.3　でん粉の弾力補強効果

水産ねり製品に対するでん粉の役割について，かつては糊化したでん粉が溶けて魚肉中に均一に分散し魚肉タンパク質分子をつなぎ合わせることによって弾力を補強すると考えられてきた．しかし，1950年代に糊化済みでん粉，分離したアミロース，アミロペクチン，カルボキシメチルセルロース（CMC）やアルギン酸ナトリウムなどの水溶性高分子の添加では弾力補強効果が見られずに逆にアシの形成を阻害し，すり身中で糊化したでん粉の膨潤粒が維持されることでアシが形成されることがわかった[28]．たとえば，冷凍すり身に10%のでん粉と2倍量の水を加え，加熱による白度や圧出水分が急激に変化する時点を弾力補強開始温度，ゲル強度が最高値

表5.4　でん粉の種類と水産ねり製品の弾力補強温度（℃）

でん粉の種類	水産ねり製品の弾力補強温度	
	開始温度	最適温度
馬鈴薯	70	90
小麦	70	90
甘藷	80	90
コーンスターチ	80	90
タピオカ	75	75～80
ワキシーコーンスターチ	80	80
ハイアミロースコーンスターチ	85	85

を示す温度を弾力補強最適温度とすると表5.4のようになる．すなわち，でん粉粒が加熱されて魚肉タンパク質の水を吸収して糊化し，透明度が増して白度が低下して，圧出水分も減少し，膨潤粒が魚肉タンパク質分子の網状構造のマトリックス内に存在することで弾力の補強に寄与することがわかった．すり身中のでん粉の糊化温度に相当する弾力補強開始温度は，でん粉の種類により異なるが，いずれも水溶液中の糊化温度に比べて高い[29]．

でん粉の弾力補強効果は，その種類によっても異なる．でん粉を10%添加した場合の官能評価や物性値を表5.5に示す．引張り強度は馬鈴薯でん粉が，小麦粉でん粉やコーンスターチに比べて高く，馬鈴薯でん粉はプリプリした「コンニャク」様の，小麦でん粉は滑らかな「もち」様の食感を呈し[30]，古くからねり製品の種類に応じて種類の異なるでん粉が使用されてきている．

表5.5 各種でん粉の弾力補強効果（山沢，1991）

でん粉	歯切り強度*	引張り強度 [g/cm^2（×10^4 Pa）]	引張り伸度 (cm/cm)	圧出水分量 (%)
対照（無添加）	5	220 (2.16)	1.38	30.3
馬鈴薯	9	512 (5.02)	2.47	16.4
コーンスターチ	8	450 (4.41)	2.08	14.9
小麦	8	466 (4.57)	2.26	14.2
ワキシーコーンスターチ	7	472 (4.63)	2.21	17.1
老化コーンスターチ	7	420 (4.12)	2.09	17.6
アルファー化コーンスターチ	6	308 (3.02)	1.42	18.4
ハイアミロースコーンスターチ（アミロース50%）	6	320 (3.14)	1.94	25.7

* 無添加かまぼこの官能評価値を5点とする．

でん粉を含まないねり製品は腐敗しない限り，経時変化は少ないが，でん粉添加の場合には保存により食感は硬くなり，保水性の低下により圧出水分が増える．この傾向は馬鈴薯でん粉が最も早く，コーンスターチ，小麦でん粉などの穀類でん粉は遅い．これはでん粉の老化によるもので，でん粉糊液の場合とは相反する結果といえる．前述の弾力補強開始温度と同様，すり身中におけるでん粉の糊化現象は，糊化する時に周囲の水の少ないことや，食塩の存在もあるが，魚肉タンパク質との相互関係も考慮する必要がある．

水産ねり製品の品質に及ぼすでん粉の影響は微妙で，消費者の嗜好の変化からソフト感が求められていることから，油脂加工でん粉や酸化でん粉などの数多くの加工でん粉が食感の改善や保存性の向上のために使用されている．しかし，地域により好まれている本来のアシを損わないように，馬鈴薯でん粉や小麦でん粉を軽く処理した加工でん粉が使われることが多い．

10.4　各種ねり製品の特徴

(1)「蒸しかまぼこ」

小田原に代表される関東の「板付蒸しかまぼこ」は色が白く，滑らかで歯切れのよいことが要求されている．このため水晒しを充分に行うとともに，蒸気加熱も比較的低温の80°C位で50〜60分蒸熱，中心部の温度を75°C位にするので糊化温度の低い馬鈴薯でん粉を1〜5%添加する．また表面のつや，甘味も重視されるので，みりんや糖質も併用される．

名古屋以西の「板付蒸しかまぼこ」は，「関東かまぼこ」に比べて小型であり，風味に重点がおかれ，のどごしの良い軟らかい食感が要求されている．このため，小麦でん粉を3〜10%添加する．また，加熱温度も高く90°Cで30〜40分蒸熱されるので，中心温度は80°C以上になる．「関西かまぼこ」は“ぼんやりとしたアシ”が特徴で，でん粉添加量を多くし高温蒸熱することによりアシの質を軽くさせているとも考えられる．

ねり製品のソフト化したものに古くから「しんじょ（糝薯）」がある．軟らかく，独特の食感を有している．使用でん粉は主として馬鈴薯でん粉で，蒸気で80°C 20分，中心温度は75°C前後で蒸し上げている．

(2)「焼板かまぼこ」

大阪を中心とした関西を代表する「板付かまぼこ」は，小麦でん粉を2〜8%添加し，「蒸しかまぼこ」と同様に蒸熱した後，表面にみりんや糖質を塗布し短時間焙り焼きしてソフトな食感に仕上げる．

「焼板かまぼこ」は西日本の各地で生産されているが，山口県の「白焼かまぼこ」が有名である．蒸熱を行わず，すべて乾熱の赤外線で焙焼される．褐変を防止するため糖類は添加されず，1〜2%の小麦でん粉やコーンスターチが使用されるが，中心温度は80°C以上になる．

(3)「焼ちくわ」

「焼ちくわ」は全国各地で作られ，並物から高級品まで各種ある．並物はスケトウダラ冷凍すり身2級，上物は特級などを原料として，ガス焙焼により中心部が75°C以上になるように，約170°Cの直火で加熱する．馬鈴薯でん粉，コーンスターチ，小麦でん粉が5〜15%使われる．「豊橋ちくわ」は擂潰時間を短くし，組織内に粗さを残して5〜7%の馬鈴薯でん粉を使用している．また，島根の特産である「野焼」はトビウオを主原料とし，小麦でん粉を2〜5%使用して独特の食感を出している．

「卵黄焼かまぼこ」の「伊達巻」は関東地方の名産で魚肉3，卵黄3，ショ糖3，馬鈴薯でん粉1の割合で，温度75°C以上で焼き上げる．また関西独特の，気泡を含んでいる梅の花を形どったお菓子感覚の「梅焼」には5%前後の小麦でん粉が使われる．

型にすり身を入れて焼き上げた「田辺なんばん焼」は，3%前後の小麦でん粉を使用して中心温度80°C以上で焼き上げる．また仙台の「笹かまぼこ」は，すり身に2〜10%の馬鈴薯でん粉を加え笹の葉型にかたどりした後に，中心部75°C以上で5分程度加熱され，ややバサバサした食感が好まれている．

(4)「ゆでかまぼこ」

「はんぺん」は関東地方の特産で，サメ類を原料として，これに10〜15%のおろしたヤマノイモを加えると空気を含んで約2倍容となる．これに馬鈴薯でん粉を5〜10%加え，85°Cの熱水中で約10分（中心温度75°C）ゆでると，多孔質で白色の「ゆでかまぼこ」に仕上がる．ヤマノイモにより気泡が入り，軽くてふんわりとした食感が特徴である．なお，関西の「あんぺい」は卵白により抱気させる．

同じく「ゆでかまぼこ」の一種である「なると」はスケトウダラの冷凍すり身を原料としている．静岡近辺で製造される特産品である「黒はんぺん」は，冷凍サバを原料として馬鈴薯でん粉を5〜15%使い，ともに中心温度が75°C以上になるように湯煮される．

(5)「揚かまぼこ」

「揚かまぼこ」は関東では「さつまあげ」，関西では「てんぷら」と呼んでいる．加熱は油煠（ゆちょう）であり，大豆油やナタネ油などの植物油を用い，160～200°C の高温で表面が焦げないよう 3 分前後，中心温度 80°C に加熱する．地方により魚種やでん粉が異なり，関東以西はコーンスターチ，小麦でん粉，馬鈴薯でん粉，九州の一部では甘藷でん粉を使用量は 8～15% で用いる．

「揚かまぼこ」にはニンジン，ゴボウなどの野菜類，地酒などを使ってそうざい風に仕上げ，形状や色調，食感などに変化をつけるとともに，保存性を向上させた製品も市場には数多く出回っている．

(6)「魚肉ソーセージ」

魚肉を利用して畜肉の「ハム」「ソーセージ」様食品を作る試みは古くから行われ，昭和 30 年（1955 年）代には最盛期を迎え，主として小麦でん粉が使用された．その後，需要は低下したが，最近ではソフトな食感，マイルドな食味やヘルシー感覚で独自の分野を確立している．

魚肉や食肉，植物油脂，調味料や粘着剤を加えて練り合わせ，ケーシングに充填し，中心温度 120°C で 4 分以上の殺菌条件により製造される．でん粉添加量は「魚肉ソーセージ」で 10% 以下，「魚肉ハム」で 9% 以下となっている．レトルト殺菌されるので糊化温度の高い小麦でん粉，コーンスターチ，なかでも架橋でん粉を主として用いる．他の水産ねり製品に比べ脂肪含量がやや高いことが特徴である．この日本農林規格は平成 14 年（2002 年）廃止された．

長時間煮込むおでん種には水産ねり製品が多く，煮崩れととももに調味液のしみ込みが多くなる．これらの防止のために煮込み用ねり製品には，レトルト殺菌と同様に耐熱性のある架橋でん粉または架橋したエーテル化でん粉が好ましい．

(7)「包装かまぼこ」

魚肉ソーセージ類と同じように，微生物による2次汚染を避け，保存性の向上のために包装かまぼこがあり，日本農林規格の規定がある．

たとえば，「ケーシング詰かまぼこ」は，すり身またはこれに「チーズ」などの種物を入れてケーシング詰めして「魚肉ソーセージ」と同様なレトルト加熱殺菌したもの，あるいは95°C で60分位の湯煮により加熱して10°C で保存流通するものもある．この場合のでん粉添加量は8% 以下に規定されている．

「リテーナー成型かまぼこ」では，加熱前の調味すり身をプラスチックフィルムに充填，リテーナー（金型）に入れ蒸気で95 °C で60分位，中心温度85°C で20分以上加熱する．これは新潟が発祥で，馬鈴薯でん粉あるいはコーンスターチと小麦でん粉の混合，あるいは耐熱性のある加工でん粉が約5% 添加され，すわりを行っているので硬い食感が特徴といえる．

(8)「かに足かまぼこ」

1970年代，スケトウダラの冷凍すり身を原料にしたカニ足様の「かまぼこ」が開発され，ヘルシーフードとして海外でも好評である．これらは，薄いシート状に押出し成型された調味すり身を蒸気や天火で75～80°C まで加熱後，1.0～1.5 mm に細断，収束，カラリングして製造されるが，馬鈴薯でん粉とコーンスターチの混合物，あるいは架橋でん粉が用いられる．

「かに足かまぼこ」のテクスチャーは，引き裂いた時に繊維状構造が見られなければならない．このため，従来の硬さ，弾力などの食感のほかに噛みしめた時に繊維がほぐれるようなバラケ感や繊維感も評価されるので，これらの物性の付加条件が加工でん粉の選定基準となる．また最近では，保存性の向上のために冷凍品も市販され始めているが，これらには耐冷凍性に優れたエステル化やエーテル化でん粉が使用される．

11. 畜 肉 加 工 品

動物を屠殺後，熟成を経た食肉を原料とする畜肉加工品には「ハム」「ベーコン」「ソーセージ」「ハンバーグ」「ミートボール」などがある．これらの加工時には，製品の保水性や結着性，脂肪の均質化や食感などの改善のために，でん粉やその分解物であるデキストリン類が古くから用いられている．

代表的な畜肉加工品である「ハム」の製造工程を図 5.10 に示すが，原料肉を食塩，発色剤（硝酸塩，亜硝酸塩，アスコルビン酸），

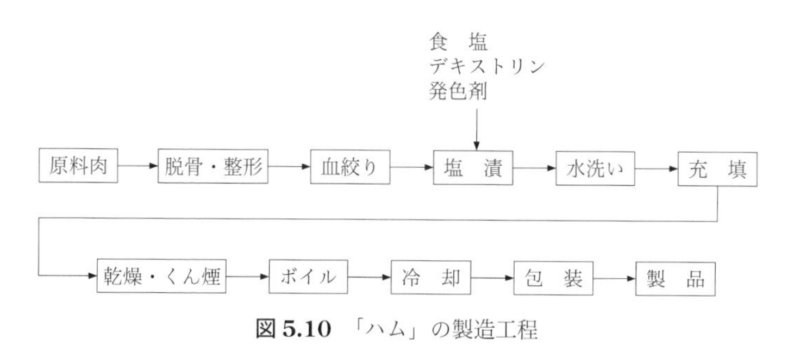

図 5.10 「ハム」の製造工程

結着補強材および調味料の塩漬液（ピックル液という）に漬け込む．食塩やその他の成分が肉内部へ浸透し，保水性の向上，肉特有の発色や風味の生成が行われる．塩漬時間の短縮や肉内での塩漬液の均一な分散を図るため，原料肉に塩漬液を注入するピックルインジェクターと真空タンブラーもよく用いられる．この方法では，従来7〜10日程度の塩漬時間が2日位に短縮でき，保水性の向上にデキストリンが用いられる．通常，甘味が低く，ヨウ素反応やアルコール沈澱反応がないので多量添加できるDE約16のデキストリンが，また，褐変反応を起こさず，乳酸菌などに資化されにくくガス膨張が抑制できる，還元デキストリンも用いられる．塩漬を終えた肉は充填，くん煙の後加熱され，ハム製品となる．

「ソーセージ類」は，塩漬または未塩漬肉を低温で調味，香辛料とともにミンチし，ペースト状の生地をケーシングに充填，くん煙，加熱した製品である．「ソーセージ」に使用される原料肉は「ハム」「ベーコン」の残肉などその種類も多いので，弾力性や保水性向上のために図5.11に見られるように，結着剤としてでん粉が使用されている．「ソーセージ」生地加熱中におけるでん粉の挙動は水産ねり製品の場合と全く同様と考えてよい．すなわち，添加さ

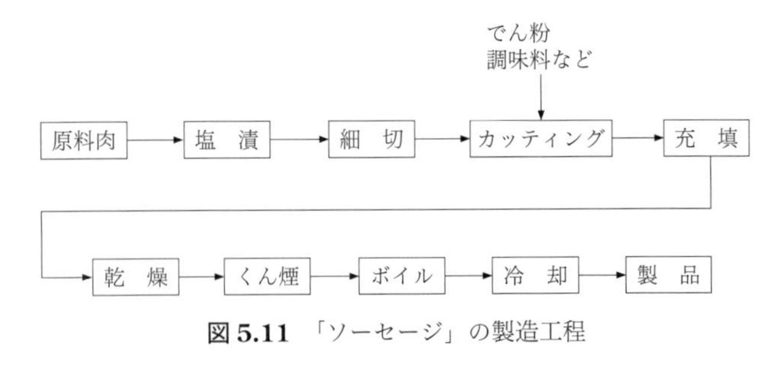

図5.11　「ソーセージ」の製造工程

れたでん粉が加熱により肉組織中の遊離水を吸収し，膨潤粒の状態で熱凝固した肉タンパク質中に存在することも必要である．このため，「ソーセージ」製造時の加熱温度よりも低い温度で糊化して充分に吸水膨潤するが粒は崩壊せず，そのうえ放置しても老化せず安定性が優れているでん粉が望まれる．水産ねり製品に比べて脂肪が20〜24% と多いので，加熱中に脂肪が溶出し分離することもある．従来から，「ソーセージ」の種類により小麦でん粉，コーンスターチや馬鈴薯でん粉が用いられている．最近では品質や保存性の向上を図るため，これらのでん粉をベースとしたエステル化でん粉や架橋でん粉，分離した脂肪の乳化に親油性でん粉などが用いられ始めた．日本農林規格では上級で 3% 以下，標準で 5% 以下の添加量に規制されている．

ところで，水分調整や水分活性の低下を図るために使用されているデキストリンは，「ハム類」とは異なり原材料に直接添加される．この際，デキストリンの添加量が 5% を超えると「ソーセージ」の表面にしみ出し外観を悪くし，ゲル化が阻害されて食感を損うことが多かった．しかし，ほぼ等量のデキストリンと脂肪をあらかじめ均一に混合したプレミックスを使用することにより，添加量が 10% でもゲル強度に優れた滑らかな触感を有する「ソーセージ」が得られ，大幅な歩留りの向上も期待できる[31)]．また，「ソーセージ」のうま味は脂身にあるといわれており，脂身である脂肪の含量を減少させると組織にバサツキが見られ，食感や食味が低下するが，プレミックスを適切に使用することにより，脂身の大半を代替しても食感に優れた，いわゆる「低脂肪ソーセージ」を作ることができる．

「ソーセージ」の一種である「サラミソーセージ」では，水分調節や水分活性の低下にはやや分解度の高い DE 40 程度のデキストリンがしばしば用いられている．

荒びき肉を原料とした畜肉加工品に「ハンバーグ」や「ミートボール」がある．これらの結着剤としてもでん粉は重要な副材料となっているが，保存や流通は常温（レトルト処理），チルドあるいは冷凍となっているので，耐機械剪断力，耐レトルト性，耐冷凍性に優れた加工でん粉が選定され，それぞれの機能を果たしていることが多い．

12. たれ類

料理に用いられる調味料は塩味，甘味や酸味，香りなどとともに風味にかかわりが深い．“とろみ”も風味にかかわるために多くの料理書のレシピに記されている．たとえば，和風料理の「くず汁」や「あんかけ」調理にはクズでん粉やかたくり粉（馬鈴薯でん粉），中華料理の「八宝菜」や「酢豚」にはかたくり粉，洋風料理の「ベシャメルソース」，「ドミグラスソース」には小麦粉，小麦でん粉，コーンスターチなどが用いられる．

汁の“とろみ”は，滑らかな口当たり，品温の保持，粘性の付与，調味料の食材へのからまりに重要なので，地域性や料理の嗜好性にマッチする物性を有するでん粉が使用されてきた．最近の外食産業やそうざい産業の発展に伴い，調味料に適度の粘稠性を付与した「たれ」「ソース」類の多様化が進んだ．

市販されている「つゆ」「スープ」「たれ」「ソース」などの区別は難しいが，粘稠度によりおおよその分類はできる．

(1) 微粘性「たれ」

「麺つゆ」「すき焼のたれ」などは対象食品への浸透性，つやが重要な機能となるので粘度は非常に低く10～50 cP（0.01～0.05 Pa･s）である．従来よりショ糖が使用されているが，低甘味志向もあり最近ではDE 15～20のデキストリン，あるいはアミノ酸類との褐変反応防止のために還元デキストリンがよく用いられている．これらは適当な浸透性を有しており，野菜に対して3～15%添加すると，漬物の製造時間の短縮や減塩効果が見られる[32)]，いわゆる「浅漬の素」としての効果も期待される．

(2) 低粘性「たれ」

ウナギや焼き肉の「付けだれ」に使用され，粘度は50～500 cP（0.05～0.5 Pa･s）である．このたれは調味料やスパイスを多く含んでいるので，これらが分離しない懸濁安定性が望まれる．また喫食時直前の調味付けとなるので，浸透性と表面への付着性やつやが重視される．このような外観の改善と調味を目的とした代表的なたれに，米菓の仕上げ調味液がある．従来よりつや出し剤として馬鈴薯でん粉や小麦でん粉が使用されていたが，高粘性のため浸透性は少なくてよいがつやは出にくい．これに対し，水あめなどのでん粉分解物は低粘性のため，高濃度での使用を余儀なくされる結果，つやは向上するが浸透しやすく調味過剰となりやすい．これらの諸性質のバランスをとるため，現在では酸化でん粉が一般には100 cP（0.1 Pa･s）程度の粘性で使用される．また，低分解度，たとえばDE 10前後のデキストリンも用いられている．

(3) 中粘性「たれ」

「ハンバーグソース」「ホワイトソース」，酢豚の「たれ」などは料理の一部分として具材とともに喫食されるので，滑らかで切れのよいボディー感が主体となる．このほか保水性も必要となるので，天然でん粉や加工でん粉が粘度500～5,000 cP（0.5～5 Pa･s）で使用される．

(4) 高粘性「たれ」

焼き鳥，肉だんご，みたらしだんごなど5,000 cP（5 Pa･s）以上の粘度の「たれ」は，調味料とともに外観をおいしく見せる「コーティングたれ」ともいえる．このため，食品の全面を均一に覆うことができる付着伸展性，付着したたれが流れ落ちない流動特性，優れたつや，透明性と保存時におけるこれら特性の維持機能が要求されるので，各種の加工でん粉が単独使用あるいは併用される．

代表的な市販たれ類の水溶性部分の固形物濃度（ブリックス値）と粘度を，図5.12に示す．固形物も粘度も多様であるが，すべてにでん粉あるいはデキストリンが使用されている．これらに用いられているでん粉に望まれる物性は粘性，透明性，光沢，付着性，曳糸性，流動特性など[33]である．また，たれ類には各種の調味料，油脂類が使用されているので，でん粉との相互作用や製造時の強い外力の影響，保存時のでん粉の老化に伴う品質の劣化などが考えられる．これらでん粉糊液の基本的特性についてはIII章を参照されたい．

このような，多岐にわたる物性を満足させるためには天然でん粉では困難で，物性に応じて適切な置換度を有するエステル化，エーテル化，架橋でん粉や，これらの複合した加工でん粉が，と

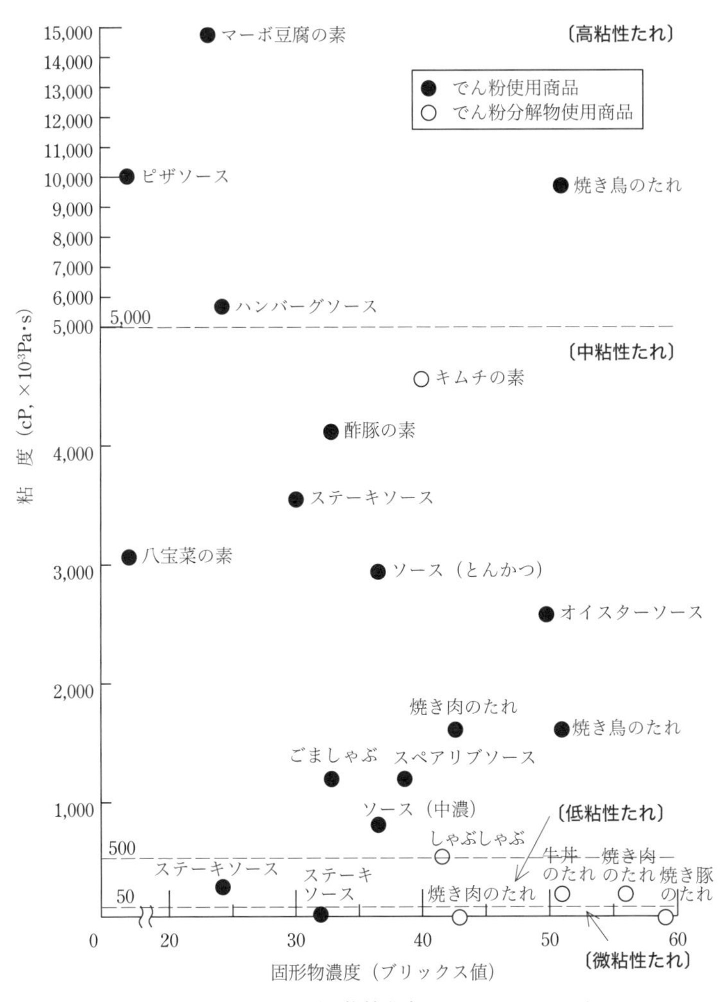

図 5.12　市販たれ類の物性分布（菱川ら，1995，改）

きには天然ガムとの併用で使用されている．すなわち，中粘性「たれ」では2～3%濃度，高粘性「たれ」では3～6%濃度の加工でん粉糊液が主体となってボディーを形成し，さらに少量の天然ガムが増粘剤として添加される．また最近では，レトルト処理や冷凍処理されることも多く，これらに耐性のある加工でん粉や，水溶きせずに直接投入してもダマになりにくい「インスタントたれ」用でん粉も市販されている．

13.　油　脂　食　品

油脂あるいは乳化油脂を用いた食品のうち，でん粉やその分解物とかかわりのあるものは既述の粉末食品，畜肉加工食品や後述のフライ食品などのほか，数多くの食品がある．

13.1　そうざい類

食品に好ましい風味，食感を与える油脂を含有する「マヨネーズ」「ドレッシング」類は，各種原料と油脂を単に混合するだけでは組織全体に均一に油脂を分散，安定させることは困難で，一般に乳化剤を必要とする．しかし乳化剤の種類や使用量により，食品自体の風味や食感が損われることが多い．また「カレー」「ハンバーグ」「ソーセージ」のように油脂がその原材料の一部として混合され，乳化しない状態で混在している場合には，加工中あるいは調理時に油脂が分離して食感の劣化や歩留りの低下を招きやすい．

最近，これらの欠点を防止できる親油性のある加工でん粉[34)]が市販されている．従来より増粘，保水，結着性などの付与に使われている各種でん粉と同様，2～10% の添加で油脂分離防止効果が期待できる．その対象となる食品類は「カレー」「ポタージュスープ」「ホワイトソース」などの「ルー」をベースとした食品，「ソーセージ」「ハンバーグ」「ミンチボール」などの畜肉そうざい，「マーボソース」などの「中華ソース」と幅広い．

「ルー」をベースとする場合には油脂に親油性でん粉を加え，小麦粉とともに炒めるとレトルト殺菌しても油脂の分離しにくい「カレー」などが得られる．

畜肉そうざいの場合には豚脂や牛脂にあらかじめ混合，油脂が液状化する程度に加熱，使用量に応じて小分けして冷却，固形化して使用することも可能で，従来と同様に調理すればよく，この際，油脂のドリップを著しく減少させることができ，歩留りの向上や風味，食感の改善も期待できる．

13.2　製菓製パン用生地（フラワーペースト）

「菓子パン」「ケーキ類」の仕上用加工材料の 1 つに，でん粉質を水，ショ糖や油脂などと加熱してペースト状にした「フラワーペースト」がある．「フラワーペースト」は「カスタードクリーム」から派生している．元来，「カスタード」は牛乳，卵，ショ糖を煮たり焼いたりした「クリーム」「ソース」のことで，撹拌しながら加熱したものが「ソフトカスタード」，撹拌しないものが「ベークドカスタード」といわれ，ときには小麦粉やコーンスターチが添加されることから，「フラワーペースト」は「カスタード」を含んだでん粉クリームの慣用語と考えても差し支えない．

「フラワーペースト」の配合は「洋菓子」「パン」の種類により異

なるが，一般的にはショ糖や水あめの糖質が35%以下，ショートニングなどの油脂が6〜10%で多くても20%，クリーム状のボディー形成のための小麦粉などのでん粉質が10〜20%，このほか脱脂粉乳，酸味料，乳化剤，保湿剤や香料，水などである．これらの原材料の含水量は40〜60%と少なく，粘稠度が高いので加熱には連続式のニーダーが用いられることが多い．小麦粉やコーンスターチは配合剤中の酸味料や強い機械的剪断力を受けて粘性が低下しやすいので，適正な物性を有する「フラワーペースト」を安定的に作ることは難しかった．

しかし現在では，「フラワーペースト」のボディー形成剤としては耐酸性，耐機械剪断力を付与した加工でん粉が使用されている．これらの添加により常温，冷蔵あるいは凍結保存後の解凍においてもクリーミー性に変化がなく，また離水などの老化も少なくなる．この加工でん粉を用いた「菓子パン」用の「フラワーペースト」は，包み込んで焼き上げたときに「パン」内部に空洞ができない程度の剛性と展延性などの耐熱保型性や，適当なヘラ切れなどにも優れた特性を有している．また，油脂含量の高い「フラワーペースト」では加熱直後から油脂分離が激しくボソボソした食感になるが，使用加工でん粉の20〜30%を親油性でん粉で置き換えることにより油脂分離がなく，クリーミーな食感を呈することが知られている．

また，「パン」の改質効果のある膨潤抑制糊化済みでん粉2〜20%と油脂2〜20%，乳化剤2〜20%をO/W型に乳化した製パン用生地改良剤[35]や，この糊化済みでん粉10〜200部を可塑性油脂100部に配合することにより，焼菓子生地とともに焼成しても硬さに変化がなく良好な食感を呈する「クッキー類」「スナック類」のセンタークリームが得られる[36]など，油脂への加工でん粉の練り込みにより有用な製菓製パン用原材料が開発されている．

13.3 乳製品（アイスクリーム）

乳製品のなかでも乳脂肪を使用した「アイスクリーム」のおいしさは，まろやかな牛乳風味，きめ細かい気泡の感触，咀嚼（そしゃく）感のあるボディーや適度な冷たさや口溶けなどから成り立ち，乳脂肪含量を多くすればコクや風味が増し高級感が得られるが，価格も高くなる．

このため，乳脂肪の含有量を減少させても乳脂肪に由来するコク味や風味が強く感じられるでん粉分解物が開発され[37]，市販されている．このでん粉分解物は30% 水溶液の粘度が8〜30 cP（0.008〜0.03 Pa･s），六糖類までの糖含量が30% 以下のデキストリンで，「アイスクリーム」製造時15% の添加でも期待する効果が得られている．

14. 揚物（フライころも）

揚物は100℃以上の食用油中で具材を加熱する調理法で，ほとんどすべての食品に適用できる．水産ねり製品や即席麺などはそのままでも揚げるので，素揚げともいわれるが，“ころも”を付けて揚げることの方が多い．

ころもを付ける揚物は，a) 具材にまぶし粉を付けたまま揚げる「から揚げ」，b) 小麦粉と水を混ぜた溶き液（バッター，batter）に具材をつけて揚げる「てんぷら」，c) 溶き液を付けた具材の表面に「パン粉」を付けて揚げる「カツレツ」や「コロッケ」などの「フライ」に大別される．「フライ」は日本式洋食で，従来は具材にまぶし粉を付け卵液に浸して「パン粉」付けしていたが，今では「てんぷら」の手法を加味して具材を直接に，あるいはまぶし粉を付けた後バッターに浸し「パン粉」付けする方式が多く，調理食品工場ではほとんどこの方式によって生産されている．

バッターは「小麦粉」「卵」「牛乳」「バター（butter）」などを混合撹拌したもので，粘稠（ねんちゅう）性の高いペースト状を呈する．この配合は具材の種類や目的により異なるとともに，多くの経験の集積の結果であるので，メーカーの処方はほとんど公表されていない．

ころもは，油の高温が直接具材に伝わらないような温度の緩衝材にもなっている．すなわち，具材の表面を適度な厚さで被覆して水分の急激な蒸発を防ぐとともに，内部にある具材が有する独自のうま味成分が流出することなく調理される．また，ころも自体はやや焦げた香りと揚油を吸収し，風味の向上に寄与している．このような目的のために使用されるころもの基本材料は，小麦粉と水である．一般に，薄力粉を水で溶いて粘着性のある「バッター」が作られているが，撹拌しているとグルテンの形成が進み粘着性が強くなり，揚げた時の食感が硬くなる傾向がある．このために撹拌しない，冷水を用いる，小麦粉をでん粉で希釈するなどの予防策がとられている．

工業的規模で生産される揚物に使用されるバッターには，次のような機能が求められている．

(1) 常温で分散でき，粘性が安定している：　バッターは機械循環して使用されるので，粘度変化を起こしやすい．このため，具材への付着量が変化するので「パン粉」の消費量が変動し，揚げた時の食感も変わりやすい．この防止に，耐機械剪断性に優れた糊化した架橋でん粉が「バッターミックス粉」に配合されることが多い．

(2) 結着性の向上：　200°C 近い高温で処理されるので，水分の蒸発により付着していたバッターが剥離する．水産物のカキのように表面水分の多い具材，表面が滑らかなイカ，油脂の多い豚肉のようにバッターの付着性の悪い具材や，加熱中に収縮が起こり形状が変化する具材であっても，揚げ終えた時にころもが生地からはがれないのが理想といえる．一般には，糊化済みでん粉や軽度の酸化でん粉を植物ガムなどと混合したプレミックスとしている．なお，バッターの改質以外，表面水分を冷風により除去したり，粉末流動性にすぐれ均一な付着性を有するから揚げ用加工でん粉をまぶすなどの前処理も必要となる．

(3) 食感の改良：　「てんぷら」「フライ」は揚げ終わった時に，カラリとしたクリスピーでソフトな食感があり，冷めた時も同じサクッとした食感を維持していることが好ましい．濃度の高い粘着性の大きいバッターを用いると結着性は向上するが，食感が硬くなり口当たりも低下する傾向にある．これは，バッター中のでん粉が油中で糊化し，乾燥した膜状組織となって具材を被覆するからと考えられる．このため，膨潤しにくい架橋でん粉が使用され，食感の改良効果を上げている．でん粉粒の膨潤が抑制されるとフライ衣マトリックスの中に膨潤粒が存在する構造ができる．膨潤が抑制されるので粒内に取り込まれる水が少なくなる分膨潤粒外の水分が多くなり，その水分が膨潤粒間のチャネルを通って蒸散しやすくなって，フライころもの水分が低下しやすくクリスピーな食感が増すことになる．フライ後，フライの具から水分が移行してクリスピー性が失われても，電子レンジ加熱によって水分が容易に蒸散するのでクリスピーな食感が回復しやすい．

最近では吸油量，あるいは放置による吸湿性の少ない揚物用ミックス粉，さらに電子レンジに対応できる冷凍食品用ミックス粉が小麦粉や植物ガム，各種の加工でん粉やデキストリン，米粉や「コーンフラワー」などと混合されて販売されている．炭酸水素ナトリウム（重曹）を加えることもよく行われるが，加熱によって炭酸ガスが発生して組織を膨化させ，ガスがころもから抜け出るときに微細な通り道を作るので，水分の蒸散が助けられてクリスピーな食感を作りやすくなる．

15. レトルト食品

食品中の微生物を高温殺菌して保存する方法は 19 世紀初めに試みられ，瓶・缶詰として実用化され今日に至っている．近年の合成樹脂工業の発展に伴うプラスチックフィルム性能の向上により，これらを原料としたパウチ状，トレー状の密封容器中に食品を入れてレトルト（高圧釜）殺菌した，いわゆるレトルトパウチ食品（食品衛生法の容器包装詰加圧加熱殺菌食品）が 1950 年代，アメリカで開発された．

缶詰に比べて軽量で，中味重量当たりの伝熱面積が広く熱効率も良いところから，わが国でも 1960 年代後半から「レトルトカレー」

「パックライス」「レトルトハンバーグ」などが続々と開発，商品化されている．その種類も多く，「カレー」「ソース」「スープ」などの「たれ類」や「ハンバーグ」「ミートボール」「おでん種」などの水畜産そうざい類，「赤飯」などの米飯類にまで及んでいる．

ところで，レトルト食品は気密性容器に詰められ，120°C で 4 分以上の高温，高圧下で殺菌されるので，通常の調理に比べて過酷な加熱条件になる．このため，具材の風味や食感の劣化，着色，粘性の低下，油脂の分離などが起こりやすい．特に，酸性の食品においては着色やでん粉の加水分解によって粘性低下が甚だしい．この防止のために，加熱によりでん粉粒が崩壊しにくいコーンスターチや架橋でん粉が使われることが多い．表 5.6 に示すように，糊化しやすい馬鈴薯でん粉やワキシーモロコシでん粉は，加圧蒸煮により粘度低下が激しく可溶化する．またコーンスターチは可溶化するが，放置や保存により分散したでん粉鎖が冷却で再凝集してゲル化するので，見掛け上高い粘性を示している．これに対して架橋ワキシー

表 5.6 でん粉糊を加圧蒸煮した場合の粘度および可溶化部分の変化（T. J. Schoch, 1963）

でん粉の種類	粘　　度 [P（ポアズ），(Pa･s)]		可溶化したでん粉 (%)	
	処理前	処理後	処理前	処理後
馬　鈴　薯	54 (5.4)	2	39	94
ワキシーモロコシ	56 (5.6)	14	21	74
コーンスターチ	44 (4.4)	40	24	51
架橋ワキシーモロコシ	56 (5.6)	50	5	8

5%，1.05 kg/cm^2，5 分．

トウモロコシでん粉では粘性，溶解性には全く変化が認められていない[38]．また，架橋エーテル化でん粉も数多く使用されている．湿熱処理でん粉も使われる．レトルト処理による粘度低下と保存中の粘度上昇はでん粉の膨潤が進んで崩壊することが原因なので，架橋処理や湿熱処理が膨潤の抑制に有効に作用していると考えられる．膨潤制御の新たな方法として，でん粉にグルタミン酸（Glu）を複合化させ調製したGlu複合でん粉，また，リシン（Lys）とともにショ糖脂肪酸エステルを複合化させた糖脂肪酸Lys複合でん粉，リパーゼの逆反応でアシル化したアシル化でん粉，また，ペプチドを複合化し，そのペプチド複合でん粉をトランスグルタミナーゼで架橋した間接架橋ペプチドでん粉を用いることも考えられ，さらには，LysやGluのような荷電アミノ酸あるいは荷電アミノ酸を豊富に含むアミノ酸/ペプチド素材を添加することが考えられる(Ⅳ章7節参照)．

代表的な市販加工でん粉のレトルト処理前の90°C加熱時と120°Cで60分のレトルト処理後の，それぞれのpHにおける粘性変化の状態を，馬鈴薯でん粉を対照として図5.13に示す．レトルト処理によりやや粘性の低下する市販加工でん粉A，C，これとは逆に増大傾向を見せる加工でん粉Bなど，でん粉の加工条件によって特徴のある物性を示すので，用途などにより使い分けられている．「魚肉ソーセージ」や「たれ」「ソース」などの調理加工食品へのでん粉の利用方法については10～13節で述べたが，耐レトルト性の付与にはこれらの加工でん粉の適正な使用が大切である．また，でん粉の使用量の多い場合には，初めに使用量の約半量を調味料とともに加熱糊化，レトルト直前に残部を添加することによりレトルト

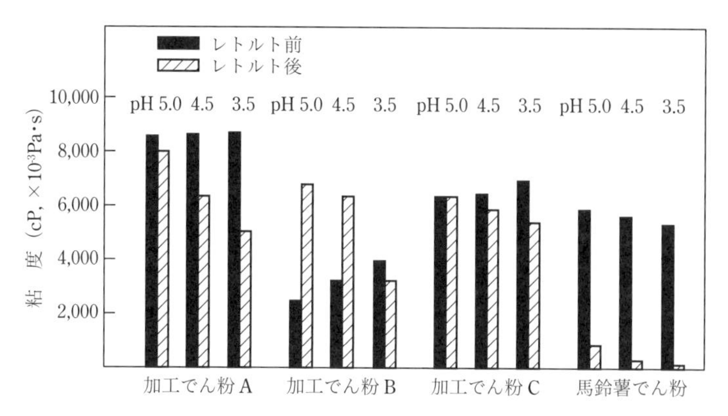

図 5.13 市販加工でん粉の各種 pH におけるレトルト耐性（菱川ら，1994）

中のでん粉の沈降による不均一化が防げる．

このほか，5% 濃度 80°C で約 3,000 cP(3 Pa･s) の粘度を有しているが，高温になるにつれ粘度低下が著しく，120°C 20 分のレトルト殺菌加熱では 30°C 冷却粘度がほとんどなくなる加工でん粉も開発されている．すなわち，あらかじめ 80〜85°C に加熱して適度の粘性を呈する調味糊液に，沈降しやすい具材，たとえば「野菜」「ミンチ肉」などを均一に分散することによりレトルトパウチへの充填が容易となり，レトルト殺菌で粘性がなくなって食感に悪影響を及ぼさず，工程の自動化，省力化が可能となる．またこのとき，「米」「アズキ」などの具材の煮崩れも防ぐので，「おかゆ」「ぞうすい」「ぜんざい」「山菜」「きのこ」などのレトルト水煮類にも用いられている．

16. 冷 凍 食 品

食品をそのままの状態で貯蔵できる冷凍保存法は，低温により微生物の繁殖が抑制され，酵素反応速度や化学反応速度がゆるやかになり品質の劣化を抑えることから，古くから厳寒地では行われていたが，実用化されたのは缶詰食品より約100年遅れた1920年代である．わが国では冷凍食品が本格的に販売されてから約70年になり，冷凍機の発達やコールドチェーンの整備につれて生産量は飛躍的に増大した．すなわち，初期の水産物，農産物，畜産物のほか，現在では調理加工食品，パンや和洋生菓子類まで広がりを見せ，最近の統計では3,000品種にも達している．

冷凍食品は−18°C以下で貯蔵，流通されるので，品質の劣化は少ないとされているが問題もある．生鮮食品または未加熱食品では，冷凍により水が氷となり容積が増大するので，軟弱野菜や果実は組織破壊が起こりやすいので未凍結限界温度で冷蔵されることが多いが，冷凍で長期保存する場合には，あらかじめでん粉分解液に浸漬するなどの前処理が施される．これに比べてでん粉含量の高い「豆」「カボチャ」類の耐冷凍性は強い．また，タンパク質は冷凍変性しやすいので，かまぼこの原料となる冷凍すり身の変性防止などにはでん粉分解物が用いられる．

加熱調理食品の場合には，食品中のタンパク質は加熱変性されているので一般には冷凍処理による劣化は少ない（豆腐，卵を除く）が，加熱糊化でん粉の老化現象に伴う品質劣化が問題となる．この抑制には界面活性剤や糖質，ワキシーコーンスターチやもち米粉などが添加されるが，食品の風味の点から最近では加工でん粉の使用が多くなっている.

図5.14に，種々のでん粉糊の凍結，解凍を繰り返した際に起こる離水量の変化を示したが，凍結・解凍の1サイクルは2〜3週間の冷蔵条件に匹敵する．すなわち，この条件下ではコーンスターチは急激に老化が進むが，ワキシーモロコシでん粉は安定している．しかし，もち種のでん粉糊液は曳糸性(えいしせい)が大きくロングボディーを示す．この物性を改善しショートボディーにするために架橋化を行うと凍結解凍安定性は低下するが，リン酸エステル化を併用することにより両者の特性を満足させることができる．この付加するリン酸量の増減によって，凍結解凍安定性のコントロールは可能となる[38].

現在，でん粉質食品に耐冷凍性を付与する加工でん粉は，一般にはワキシーコーンスターチの架橋化およびエステル化，エーテル化

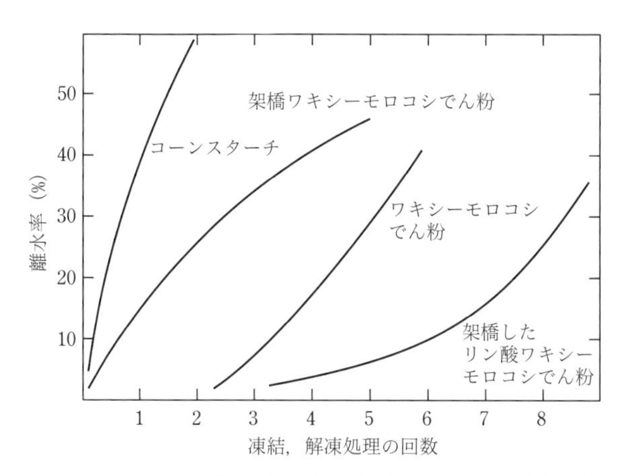

図 5.14 各種でん粉 5% 糊液の凍結，解凍処理時の離水状況
（T. J. Schoch, 1959）

の度合いの異なる加工でん粉が主体である．このほかにもそれぞれの食品の冷凍に適した加工でん粉が開発され，単体あるいはデキストリン類との併用によってあらゆる冷凍食品に使用されている．各種の加工食品へのでん粉の利用状況については5～14節で述べたが，これら食品への耐冷凍性の付与には，前記の加工でん粉の使用が望ましい．

なお，従来から冷凍保存が困難視されていた「すし米」などの「米飯類」，「だし巻」などの卵製品，「わらびもち」などの和生菓子や，「コンニャク」「豆腐」にも，適切な加工でん粉を添加するだけで，従来の製造工程を変えずに製品組織のスポンジ化，離水や白濁などの品質劣化が抑制できるようになってきた．

冷凍食品の品質の向上は，基本的には最大氷結晶生成帯の通過時間を短縮し，氷結晶の大きさを，望ましくは10 μm以下にする急速凍結技術によっている．しかし，でん粉質食品の1つである冷凍麺では，ゆで上げた後，でん粉の老化が最も進行しやすい4°C前後の温度帯の通過時間を短くすることも重要であるが，釜揚げの食感を保つため湯温が低下しない条件で加温解凍するなどの設備面での配慮もまた大切で，食品の種類や特性によって個々の冷凍・解凍技術が要求される．

また，冷凍保存中の水分蒸発による品質の劣化は，冷凍食品に特有な現象といえる．すなわち，凍結中に形成された氷結晶が昇華するために乾燥状態となり，この昇華した跡は微細な孔となって残存し，この細孔によって空気酸化され，油脂の酸敗や褐変化が起こりやすい．「ギョウザ」「シューマイ」の皮の耳の硬化なども，これが原因とされている．このほか，包装冷凍食品では保管中に包装内面で氷結しブルーミングを起こすこともあり，この防止には還元デキストリンの練り込みや魚，畜肉のアイスグレーズ剤と同様に，これらの水溶液での表面被覆が行われることもある．

17. アルコール飲料

「ビール」の歴史は5,000年以上もあり，世界各地に多種多様の「ビール」が存在している．「ビール」は本来，麦芽とホップのみで醸造されていた．しかし，保存中に「ビール」麦中のポリフェノールと麦芽タンパク質が結合して濁りを生じやすい．このために今世紀の初め，アメリカでポリフェノールの少ない，他のでん粉質原料が併用された．これらのでん粉原料を用いると味が淡白となり，この軽い風味が好まれ，今ではドイツを除いて各国で副原料として使用されている．わが国では，麦芽の50%を超えない範囲で米，トウモロコシ，高粱（コウリヤン），馬鈴薯，でん粉が「ビール」の原料として政令で定められているが，明治末期にはすでに日本らしく米が使われている．

でん粉が「ビール」に使用されるようになったのは，昭和30年（1955年）代の甘藷でん粉が最初である．しかしコーンスターチの国内生産量の増大に伴い，平成8年（1996年）度ではほとんどコーンスターチが主体で約16万tと，10年前に比べ2倍に増加している．現在は，約7万tのでん粉が用いられている．ただ，使用するでん粉原料の添加量によって「ビール」の風味に違いが見られるので，「ビール」各社の志向する方向によりコーンスターチの配合率は異なっている．なお，「ビール」のコク味，キレ，クリーミーな泡立ちの改良のためにコーンスターチ以外のでん粉を醸造原料として使用する試みもなされている[39]が，まだ実用化されていない．

わが国の伝統的なアルコール飲料で米を原料とした醸造酒である「日本酒」も，清酒需要の不振や嗜好の多様化に対応して色々の試みがなされているが，このなかに「3 倍醸造酒」がある．

これは，酒粕を分離する上糟直前の清酒もろみに，使用する白米 1 t 当たり 2.4 kL の調味アルコール（DE 20〜30 のデキストリンを主体とし，政令で定められた酸味料などを含有する 30% アルコール液）を添加するので，通常の 3 倍量となるところから名付けられている．この「3 倍醸造酒」は，出荷に際して普通酒と適宜調合されている．「日本酒」の等級が廃止されてから，醸造元では種々の小印をつけて差別化を行っている．「3 倍醸造酒」との調合により，温雅で甘口に富む日本酒となる．

「ビール」「日本酒」醸造中の原料でん粉は発酵性糖に分解されるが，非発酵性オリゴ糖も残存し，風味に影響しているといわれている[40]．このため，非発酵性オリゴ糖に近似している難消化性デキストリンを併用，品質の改良を図る試みもある．

18.　低エネルギー食品

近年の飽食，外食，台所ばなれなどによる食事内容の変化が，狭心症や心筋梗塞などの疾病構造に影響を及ぼしていることが指摘されるようになってから久しい．このために，消費者の過剰摂取の制限志向が高まりをみせ，糖分や油脂分がこの対象となっている．2019 年の国民健康・調査によれば，1 人 1 日当たりの摂取エネルギーは 1,903 kcal，20 歳代の男性では 2,199 kcal，女性では 1,600 kcal と，この 10 年間低下傾向にあり，エネルギー摂取量に占める脂質の割合は 28.6% で，成人では年齢が高くなるほど低い．2020 年版食事摂取基準のエネルギー必要量では，20 歳代の普通の身体活動の男性では 2,650 kcal，女性では 2,000 kcal，身体活動の低い 20 歳代の男性では 2,300 kcal，女性では 1,700 kcal とされている．脂質の摂取量が増加し糖質の摂取量が低下して脂肪エネルギー比は上限に近づいてきている，エネルギー摂取量が低下する最近の傾向は，電化による省力化が進み座位または立位の静的活動が多い生活スタイルに加え，油脂が食事のおいしさや満足感をもたらすことにあると推察される．また，ダイエット志向で糖質控えの風潮が生まれ，それが過度になって全般的な食事制限に進ませることもあり，その結果筋肉量の低下と皮下脂肪の増加を生んで深刻な弊害をもたらすことも懸念されている．糖質食品においては，このような量的問題とともに，消化吸収速度が糖尿病や肥満などの生活習慣病のリスクへの影響懸念から，消化吸収速度の穏やかなスローエネルギー食品ともいうべき糖質の質的視点にも注目が増している．いずれの場合にも，糖質摂取に関してさらに適切な栄養指導が求められる．

このような背景から，ここでは低エネルギー食品について整理する．低エネルギー食品の設計には，2 つの方法が考えられる．その 1 つは，高含量で利用される甘味料自体の低エネルギー化，あるいは高甘味度甘味料の使用による低エネルギー化，もう 1 つはエネルギーの高い油脂を，食感を損うことなく他の素材で代替する方法である．

18.1　低エネルギー甘味料

従来より，ソルビトールやマルチトールなどの単糖や二,三糖の還元物である糖アルコールが，低エネルギー甘味剤として使用されてきた．また酵素の転位反応技術の発展により，フラクトオリゴ糖やガラクトオリゴ糖など難消化性オリゴ糖も開発，販売されている．これらはすべて低分子糖であるため，用途によってさらに分子量の大きい糖も必要となり，重合度10前後の焙焼デキストリンから分離，精製された難消化性デキストリンも販売され，低エネルギー糖の種類は多岐にわたってきた．

従来よりゼロエネルギーと思われてきた糖アルコールなどの難消化性糖の消化，吸収の生理学的研究が進み，大腸内でも発酵により生成した短鎖脂肪酸類の吸収代謝作用が起こっていることが解明されるにつれ，糖質の種類によっても異なるが，多くの難消化性糖質は2 kcal/gが妥当とされるようになった（表5.7）．これらの個々

表5.7　難消化性糖質のエネルギー換算係数

難消化性糖質	エネルギー換算係数 (kcal/g)
エリスリトール，スクラロース	0
糖アルコール類： 　マンニトール，マルチトール，パラチニット オリゴ糖類： 　フルクトオリゴ糖，キシロオリゴ糖，ゲンチオオリゴ糖， 　ラフィノース，スタキオース，乳果オリゴ糖 その他： 　ソルボース，ラクチュロース，サイクロデキストリン類	2
糖アルコール類： 　ソルビトール，キシリトール，マルトテトライトール	3

の値や評価法についての国際的な整合性はまだ図られていないが，わが国では厚生省の栄養表示基準制度で糖質などの分析法やエネルギー換算係数が制定された（1995年5月）．

また，ステビアやアスパルテームのように，甘味料自体のエネルギーは通常であっても甘味度が高いので，使用量が砂糖の数十分の1あるいは数百分の1となりエネルギーの低下が図れる．しかし，使用量が少ないので使うときの利便性から前記の難消化性オリゴ糖やデキストリンが希釈剤として用いることが多い．そのためエネルギー摂取量は希釈剤の分まで考える必要がある．これらは飲料，キャンディー，ガム，冷菓，デザートなどの低エネルギー甘味剤として，砂糖と同様に使用され販売されている．

18.2 油脂代替素材

食品の低エネルギー化を図るために，難消化，難吸収性の油脂や，9 kcal/g の油脂より低いエネルギーを有するほかの食品素材を用いて，食感の類似した油脂様組成物を開発する試みは，1990年代から欧米で活発に進められている．特に，後者の油脂代替素材には植物ガム，ペクチン，繊維質などがあるが，その主体はでん粉系で20品目以上に達している．

でん粉系の油脂代替素材にはコーンスターチ，米でん粉，タピオカでん粉，馬鈴薯でん粉やその加工でん粉，デキストリンがある．一般に，でん粉や加工でん粉は粘性が高いので，少量の添加でもボディー形成性はよいが糊状感が残りやすい．酵素や酸で低分子化したデキストリンは，従来から粉末油脂の基材やエマルションの安定化剤としてソースやドレッシングなどに使用されていて食品メーカーや消費者にも受け入れられやすく，そのうえ滑らかな油脂様食感を示すので，でん粉系油脂代替素材の大半を占めている．ソーセージ，ルーをベースとしたソース類やアイスクリームなどの含油食品（11，13 節）にでん粉やでん粉分解物が用いられるのは，食品からの油脂の分離防止や食感改良の目的に加え，脂肪の代替によるエネルギー低減化も目指しているからである．

一般のデキストリンに比べて軽度に加水分解（DE 2）した脂肪様食感を有する油脂代替素材がある．このデキストリンは加熱，冷却放置すると光沢のある白い安定したゲルを形成する．このゲルは濃度により状態が異なり，たとえば 5% では白濁した牛乳様，10% でヨーグルト様，15% でマヨネーズ様，20% でバター様，25% でショートニング様の食感を有し，同一 DE のデキストリンを加熱，冷却した時の透明な糊状の外観や食感とは異なる．これは通常のでん粉ゲルが比較的均一な構造によるペースト状であるのに対し，脂肪様食感を有するデキストリンのゲルは，冷却時に再凝集して脂肪球に似た 1～3 μm の微粒子を含む分散体を形成して乳化状態になるので，口腔内では脂肪様のテクスチャー感覚を呈すると推定される[41]．

このデキストリンに，植物性や動物性油脂，モノアシルグリセロールななどの乳化剤を混合することにより低エネルギーマヨネーズ様食品やドレッシング類が得られるが，最適な製造条件選びもまた重要である．このデキストリンを用いてスプレッドのエネルギー低減化を図ると，当然含水量が高くなるので，脂肪の連続相を破壊，つまり，W/O エマルションから O/W エマルションに転相しないようなボディー形成をする必要がある．それには，乳化時に高速攪拌している油脂中に水性相を少量ずつ静かに添加するとともに脱気操作を行う，あるいは併用するゼラチンの種類を選定するなどの工夫が必要となる．油脂や乳化剤，ガムやゼラチンなどの増粘安定剤の種類，性能とともに処理条件による品質への影響などは一般の乳化食品を作る時と同様である．

油脂食品も口腔内で形成される膜の厚さや広がりによる物理的な味のほかに，見た目，香り，うま味などが総合されておいしさが感知される．したがって，油脂代替素材を多量に使用した場合には，フレーバーや呈味性が欠如して食品としての満足感が薄れる可能性が大きいので，特に風味付けの技術開発が重要である．また，でん粉類を使用した低エネルギーのマヨネーズ，バター，マーガリンなどの油脂食品は，加熱により乳化構造の破壊が起こるとともに焦げやすくなるので，加熱調理には向かない．また，水分がやや多くなるので保存性の向上策を考慮する必要も生じてくる．

19. 保健機能食品

19.1 現　　状

健康志向の高まりから，食品の機能について注目が集まっている．その発端は昭和59年（1984年）に文部省特定研究である「食品機能の系統的解析と展開」が課題とされたことにあり，いわゆる「機能性食品」の名付け親となった．この中で，食品には3つの機能があると整理され，とりわけ第3の機能（生体調節機能）にかなりのウエートがおかれ，平成6年（1996年）まで研究が鋭意進められてきた．

この流れと並行して厚生省は平成3年（1991年），栄養改善法の中に「特定保健用食品」を創設した．これは，健康への特定の保健効果がある場合には，食品にその効果が表示できるというものである．その後，保健機能をもつ食品の類型化をわかりやすくするために，平成13年（2001年），食品衛生法の中に保健機能食品制度が創設され，特定保健用食品は食品衛生法でも規定されるようになった．同時に，栄養改善法では特別用途食品の中に位置付けられるようになった．高齢化社会への進展に伴って国民の健康増進が益々重要となり，国民の総合的な健康増進を図るために平成15年（2003年），「栄養改善法」を廃止して「健康増進法」が作られ，平成27年（2015年）には新たに事業者の責任において届出制により科学的根拠に基づいて機能性を表示できる機能性表示食品の制度が設け

表5.8　食品の類別と機能性表示

<table>
<tr><th rowspan="2"></th><th rowspan="2">医薬品
(医薬部外品を含む)</th><th>特別用途食品</th><th colspan="3">保健機能食品</th><th rowspan="2">一般食品
(いわゆる健康食品を含む)</th></tr>
<tr><td>病弱者用
えん下困難者用
妊婦，授乳者用
乳児用</td><td>特定保健用食品
保健の機能表示</td><td>栄養機能食品
栄養成分の機能表示</td><td>機能性表示食品
機能性の表示</td></tr>
<tr><td>規定法律</td><td>薬機法</td><td colspan="4">健康増進法・食品衛生法</td><td>食品衛生法</td></tr>
<tr><td>効果・効能表示</td><td colspan="3">国の認可により表示可能</td><td>定められた栄養機能のみ表示可能</td><td>事業者の届出で科学的根拠により表示可能</td><td>表示不可</td></tr>
</table>

薬機法：医薬品，医療機器等の品質，有効性及び安全性の確保等に関する法律

られた．これらの食品は表5.8のように位置付けられて類型化され，現在では消費者庁が所管している．現在，特定保健用食品として表示が許可されたものは1,060品目（2022年5月28日現在）で1つの食品分野として定着している．

今日までの認可食品にはキシロオリゴ糖，フラクトオリゴ糖，大豆オリゴ糖，イソマルトオリゴ糖などのオリゴ糖をはじめ糖アルコール，大豆タンパク質，食物繊維や不飽和脂肪酸など多くの成分が含まれている．特定保健用食品の許可までには次のような流れで審査手続きが行われる．消費者庁に申請されると，まず消費者委員会の新開発食品評価調査会において，標榜する“効果”が判断され，次に食品安全委員会の新開発食品専門委員会で“新規の関与成分の安全性”を中心に審査された後，消費者委員会の新開発食品調査部会で改めて“安全性および効果”が判断され，さらに厚生労働省医薬食品局で“医薬品の表示に抵触しないか”の確認が行われ，国立健康・栄養研究所または登録試験機関において関与成分の分析を行い，消費者庁長官の許可があって特定保健用食品として認可される仕組みになっている．

機能性を表示することができる食品は，これまで国が個別に許可した特定保健用食品と国の規格基準に適合した栄養機能食品に限られていたが，「機能性表示食品」制度が始まり，こうした食品の選択肢が広がった．機能性関与成分として，難消化性デキストリン，ヒアルロン酸，モノグリコシルヘスペリジン，ルテイン，アスタキサンチン，ゼアキサンチン，シアニン-3-グリコシド，DHA，キトグルカン，イソフラボングリコシルセラミド，ラクトトリペプチド，ビフィズス菌，ティリロサイド，アントシアニン，グラブリジン，コラーゲンペプチド等424成分を含む茶を含む清涼飲用水，粉末飲料，スープや冷凍食品などの調理食品，豆類加工品，水産加工品，肉・乳製品，穀類・粉類，パン類，菓子類，調味料，生鮮食品などが現在5,407件届出があり（2022年5月27日現在），今後さらに増えると予想される．

19.2　難消化性デキストリン

1)　性　　状

でん粉を原料とする焙焼デキストリンから，ヒトの消化酵素で加水分解されない難消化性成分を分離，精製した低エネルギー糖質の1つである難消化性デキストリンは，水溶性食物繊維［アメリカの農産物分析の公定法であるAOACの食物繊維定量法のプロスキー法と高速液体クロマト（HPLC）法の併用分析値；前者の酵素-重量法は不溶性食物繊維と高分子水溶性食物繊維の量，後者の酵素-HPLC法は不溶性食物繊維，高分子水溶性食物繊維と低分子水溶性食物繊維の量が測定される］50～60%，および80～90%を含有する粉末，または50～60%水溶液の3種類が市販されている．

粉末品はDE10のデキストリンに相当し，甘味度は砂糖の1/10，約半量の冷水にも溶解し，30%水溶液の30°C粘度は10 cP(0.01 Pa･s)と非常な低粘性を示す．また発達した分岐構造から耐酸，耐熱，耐冷凍性にも優れているうえ，酵母や乳酸菌などにも資化されにくいので食品に利用する場合，保存中の変質の心配もない[42]．

水溶性食物繊維摂取時に各種金属イオン，特にわが国で摂取量が少ないと指摘されているカルシウムの吸収阻害が問題となることが多いが，セルロース膜でのモデル実験や8週間に及ぶヒトでの連続投与でも，何ら異常が認められていない．しかし，難消化性デキストリンもオリゴ糖と同じく，過剰摂取に際して下痢を発生する可能性が懸念される．摂取したヒトの半数が下痢を起こす単回摂取量の調査の結果では，体重 60 kg の場合 60〜100 g で，フラクトオリゴ糖やマルチトールの 18 g に比べ著しく低く，安全性は高い[43]．

難消化性デキストリンは 1990 年，アメリカの連邦規則集タイトル 21（CFR21）のパート 184（GRAS, Generally Recognized as Safe, 一般に安全とみなされている食品）のマルトデキストリンのカテゴリーに相当すると判定されている．またわが国では，日本薬局方デキストリンとしても取り扱われている．

2) 整腸効果[44]

食物繊維の有する生理効果として，腸管内容物の消化管通過時間の短縮や便量の増加（便通改善効果）があげられる．

難消化性デキストリンの便通改善効果は，便秘傾向にあるボランティア 30 人について定量を 5 日以上投与，投与前と投与後の排便の変化をアンケート調査（排便回数，排便量，便の性状および排便

表 5.9 難消化性デキストリンの便通に及ぼす影響（里内ら，1993）

	摂取前の得点		摂取後の得点	
	5 g 摂取 (n=13)	10 g 摂取 (n=17)	5 g 摂取 (n=13)	10 g 摂取 (n=17)
排便回数	2.31±0.2	1.94±0.3	2.62±0.1	2.88±0.2*
排便量	2.46±0.1	1.94±0.2	2.77±0.1	2.94±0.2*
便の性状	2.00±0.1	1.77±0.2	2.23±0.1	2.53±0.1*
排便後の感覚	1.69±0.2	1.82±0.3	2.77±0.3*	3.29±0.2*
合　計	8.46±1.9	7.50±2.8	10.40±1.3*	11.60±2.0**

* $P<0.01$，** $P<0.001$.

後の感覚について4段階評価でスコア化）した結果，10 g 摂取群ではすべての項目で，摂取前に比べて摂取後に有意なスコアの上昇が認められている．また5 g 摂取群は，項目別では排便後の感覚以外に有意差は認められなかったが，合計点では5 g および10 g 摂取群のいずれにおいても有意に高値を示しており，これらの結果を表5.9に示した．

このほかラットやヒトでの連続投与で，食物通過時間の短縮，糞便量の増加，さらに健常人の糞便から未消化性成分が5〜20% 回収され，糞便量と水分の増加が見られたなどの臨床結果から，平成4年（1992年）8月，日本健康栄養食品協会から特定保健用食品の“関与する成分”として総合評価書が発行されている．ちなみに保健の用途は腸内菌叢改善，便性改善，腸内有害性産物の抑制で，有効成分として3〜10 g が適正摂取量と判断された．すでに，これを用いて標示認可された加工食品もある．

3)　血糖調節効果 [45)]

ヒトの血液中の糖分のレベルを示す血糖値は，比較的狭い範囲（65〜1,100 mg/dL）に維持されている．食後に上昇した血糖値はインスリンにより下げられるが，糖尿病はこのインスリンの働きが低下している状態といえる．インスリンは血糖を脂肪に変え，体内にためこむ作用があるので，血糖値を高くするような状態が続くと肥満を招きやすい．肥満が進むとさらに多くのインスリンが必要となり，糖尿病発症の危険が助長されることになる．

ラットに30% 砂糖水溶液あるいは難消化性デキストリンを添加して経口投与し，血糖値やインスリン分泌を観察したところ，重量比で砂糖10部に対し難消化性デキストリンを1〜2部添加すると血

表 5.10 成人型糖尿病患者の空腹時血糖値に及ぼす難消化性デキストリン投与の影響（野村ら，1992）

検査項目	正常値	開始時	2 週目	4 週目	12 週目
空腹時血糖（mg/dL）	65〜110	147±9	112±13	107±4*	103±7*

平均値±標準誤差，* $P<0.05$ vs 開始時.

糖値やインスリン分泌が有意に低下する傾向が見られる．この効果はグルコースなどの単糖類には見られず，砂糖やマルトデキストリンなど二糖類以上に顕著である．健常成人 10 人に砂糖 30 g と，これに 6 g の難消化性デキストリンを併用した場合の血糖値は，5 人が著明に，4 人が若干の低下を示している．また身長と体重比，ウエストとヒップ比率から求めた肥満度の高いほど，インスリン分泌の低下は顕著に現れ，成人病予防効果のあることが示唆される．

実際の成人型糖尿病患者 5 例を対象に，難消化性デキストリン 20 g を毎食前 3 回，3ヵ月摂取した場合の血糖値の推移は表 5.10 のようで，4 週目にはすでに正常値まで低下している．

このような動物，健常人や糖尿病患者の臨床実験結果から，平成 6 年（1994 年）11 月，「血糖高値が気になる方の食後血糖上昇を緩やかにする」という保健の用途を示した総合評価書が日本健康栄養食品協会から発行された．ちなみに，使用量は 1 食品中に含まれる糖質 5〜10 部に対し 1 部の割合で添加，最大 12 g までとされている．

4) 血清脂質代謝改善効果 [46)]

血糖脂質にはコレステロール，中性脂肪，遊離脂肪酸などがあり，これらの代謝が動脈硬化症や虚血性心疾患などの発生，進行にかかわっており，食物繊維にこれらの改善効果のあることが見出されている．

総コレステロール値100 mg/dL（通常は約60 mg/dL）の高脂血症ラットに難消化性デキストリンを5%添加した固形飼料を投与したところ，総コレステロールの上昇を抑制する一方，善玉といわれるHDL-コレステロールのレベルは上昇する傾向を示している．また，健常成人10例を対象とした2ヵ月の投与試験は図5.15のようで，総コレステロールは投与前の値が最も低値であった一例を除

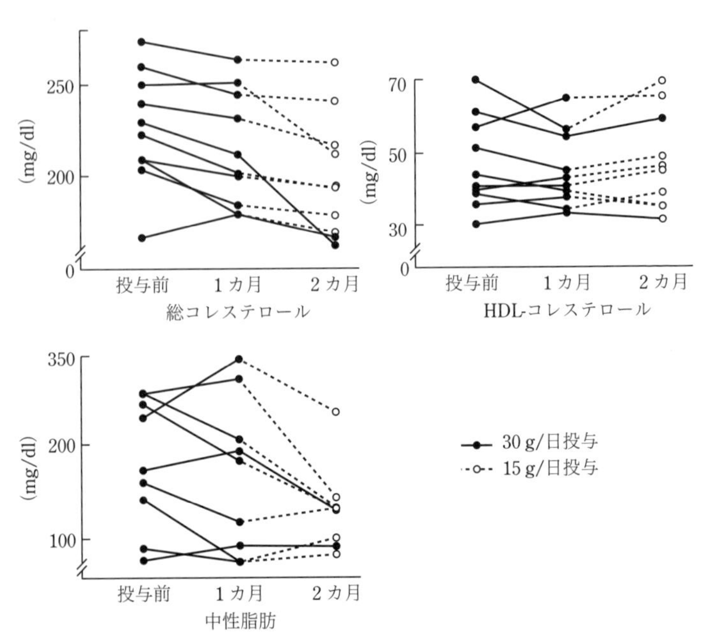

図5.15　難消化性デキストリン投与前後における血清脂質の変化
（松岡ら，1992）

き，全例で低下の傾向にある．HDL-コレステロールは投与前に正常値（40～67 mg/dL）以下の被験者で，投与後増加している．

難消化性デキストリンの長期摂取が糖質代謝の改善効果のみならず，脂質代謝，特に血清コレステロールや中性脂肪の値を正常化するうえで有用であることが確認され，平成10年（1998年）2月，「血清コレステロール，中性脂肪濃度の低下」について，特定保健用食品の関与する成分として日本健康栄養食品協会から認可されている．

5) 用　　途

「日本人の食物摂取基準（2020年版）」によれば，の食物繊維の目標摂取量は成人なら1日当り男性は21g以上，女性は18g以上とされている．しかし，令和元年（2019年）国民健康・栄養調査の結果によれば，実際の平均摂取量は1人1日当たりの摂取量は男性17.5g（水溶性3.0g，不溶性10.1g），女性14.6g（水溶性2.8g，不溶性8.8g）と，著しく不足している．

難消化性デキストリンはその性状や生理効果から見て，数多くの食物繊維強化食品（平成8年，1996年5月に実施された食品衛生法の改正により，食物繊維も一定量値を含有すれば栄養強調表示できる）の素材[47]のみでなく，次のような働きも発現する．

(1) 飲料：　コク味を与え，フレーバーの安定性に寄与，また乳タンパク質などと反応し白濁することがない．

(2) プリン，ゼリー：　離水を抑制する．

(3) ケーキ類：　焼き上がり容積が大きく，しっとりとした食感となる．

(4) パン類：　加水量とミキシング時間の調整によりソフトな

食感を呈する.

(5) 水産ねり製品：　組織のゼリー強度を増加する.

(6) 畜肉ねり製品：　練り込み，ピックル液に使用でき，でん粉反応を示さない.

このほかスープ，たれ，和洋菓子，麺類，さらには低エネルギー甘味剤の賦形剤（ふけいざい），粉末化が困難視されているガラクトオリゴ糖や大豆オリゴ糖などの粉末化基材としても使用できる.

20. 栄養補給剤

20.1 経腸栄養剤

近年，医薬品や食品として，あるいは粉末や液体などの形態で多数の経腸栄養剤が市販されている. 従来，経腸栄養剤といえばチューブを用いて栄養剤を投与する経管栄養法を意味し，特に外科領域で使用されていた. しかし，最近では老齢化傾向とあいまって，いわゆる寝たきり老人に対する使用など，内科的領域での使用も増えてきている. この場合にはコップなどを用いて栄養剤を経口的に飲む栄養補給法であり，意識障害やえん下障害のない患者に用いられる. また子供の場合には哺乳瓶で飲ませることもでき，普通の食事法で最も自然体に近い. しかし，この方法で1日の必要エネルギーを賄うだけの量を，持続的に飲用することは非常に困難である. このため経口栄養法は普通食に対して，補助的な栄養補給に用いられることが多い.

また経腸栄養剤には，医薬品扱いのものと食品扱いのものとがある. 医薬品扱いのものは他の医薬品と同様に薬効薬理や安全性が確認されなければならないが，保健薬として薬価がついている．これに対して食品扱いのものは通常の食品とまったく同じ扱いで，栄養士が管理し院内給食の補助食として使用されることが多い．この場合はほとんどが液状品であり，経口で飲む方法がとられている．

また経腸栄養剤には，窒素源にアミノ酸やオリゴペプチドを含む消化態栄養剤とタンパク質を用いた半消化態栄養剤があるが，わが国で市販されているものには後者が多い．

経腸栄養剤には次のような条件が求められる．

(1) 必要に応じて充分なエネルギーと栄養素を供給できること．

(2) 各栄養素のバランスがとれていること．

(3) 消化が容易で吸収が速やかなこと．

(4) 流動性がよく浸透圧ができるだけ低いこと．

(5) 消化管に対する刺激性が少なく，下痢や腹部膨満感が少ないこと．

これらの諸条件を勘案して，窒素源，脂肪，糖質の三大栄養素とともにミネラル，ビタミン類のバランスがよく，充分なエネルギーが投与できるような配合が考えられ，市販されている．すなわち，窒素源としての主たる素材としてはカゼインが多く，大豆タンパク質も補助的に使用されている．脂肪はコーン油などの植物油が一般に使用され，その脂質エネルギー比はわが国の市販品の場合 20～40% である[48]．

経腸栄養剤の主たるエネルギー源は炭水化物であり，市販品では総エネルギーの 50～80% も占めている．生体のエネルギー代謝から見れば，炭水化物としてはグルコースが最も基本といえる．消化態栄養剤は，アメリカのアポロ計画で宇宙飛行士のために便の出ない無残渣の宇宙食として開発されており，この場合にはアミノ酸，グルコース，脂肪酸がそれぞれ配合されていた．しかし，単糖類を多く使用すると浸透圧が非常に高くなり下痢を発生しやすい．

またアミノ酸と糖との褐変反応が起こりやすく，甘味が強すぎるなどの理由から，市販経腸栄養剤の炭水化物には，でん粉の酵素分解物であるデキストリンが一般に使用される．使用されるデキストリンはメーカーのコンセプト，配合材やその比率によって異なるが，DE 15〜20（平均分子量 900〜700），浸透圧 100〜150 mOs（10% 溶液）が通常である．

経腸栄養剤は，宇宙食から外科領域，内科領域，高齢者から健常人までのエネルギー補給剤，栄養補給剤と，対象や名称を変化しながら使用が増えることが予想されるので，食品としての風味，飲みやすさに対する配慮も必要となる．最近では甘味の高い果糖の代わりにデキストリンを使用した，エネルギー持続型のスポーツ飲料も開発され始めている．

20.2　病者用食品

肝障害用，腎障害用，肺疾患用，高度侵襲用，免疫増強用などそれぞれの病態の代謝に合わせ，これを改善する目的で組成が検討され，病者用食品または病者用組合せ食品として，わが国でも一部発売されている．

糖尿病性腎症には低タンパク質，高エネルギー食療法が有効で，このタンパク質制限療法のための低タンパク質食品，たとえばでん粉麺やでん粉のみの人工米などが開発されているが，所要エネルギーが不足がちとなる．この不足エネルギー補給のため，一般にはDE 40のデキストリンが頻用されてきたが顕著な血糖上昇作用があり，そのうえ独特の甘味があり長期連用時に難点があった．この解決法として，a) 炭水化物を除く栄養素すなわち脂質の利用，b) 炭水化物の改良，があげられる．しかし，脂質の利用は高脂血症の発生や嗜好の点で問題があり，DE 17のデキストリンの還元粉末を検討し，好成績が得られている．

動物実験や健常者，ならびに軽症インスリン非依存型糖尿病症例で血糖値やインスリン分泌量を比較検討した結果，還元デキストリンは従来より使用されているグルコースやデキストリンのエネルギーとほぼ同等の3.2 kcal/gを有するにもかかわらず血糖値上昇の程度が低く，無タンパクエネルギー補給源として，より適合性のあることが示唆された[49]．

この結果，還元デキストリンをエネルギー源とする糖尿病性腎症における低タンパク高エネルギー食品の開発が進められている．なお，この還元デキストリンは現在，粉末状および液状の2品目が市販され，甘味度は砂糖の20%にすぎない．

21. えん下困難者用食品・テクスチャーデザイン食品

21.1 えん下困難者用食品とテクスチャー

従来より加工食品の基準は栄養成分が主体であり，テクスチャーはその陰にかくれて存在は薄かった．しかしながら，人口構成の高齢化に伴い，高齢者を対象とする食品の必要性が叫ばれるようになった．高齢者の食生活で問題となるのは，そしゃく，えん下が困難になって適正な栄養素の摂取や維持ができにくくなり，低栄養状態になるリスクが飛躍的に増大する場合である．たとえば，箸が持てない，噛めない，のどに詰まりやすい，むせる，飲み込めないなどの食事行動の障害がある場合である．

このような状況下，平成6年（1994年）2月に特別用途食品に高齢者用食品（そしゃく・えん下困難者用食品）が加えられ，標示許可基準が示された．栄養改善法第12条の規定に基づく特別用途食品の枠組みは基本的に維持しながら，平成15年（2003年），健康増進法に引き継がれたが，高齢化の進展や生活習慣病の患者の増加に伴う医療費の増大とともに，医学や栄養学の進歩や栄養機能表示に関する制度の定着など，特別用途食品制度を取り巻く状況が大きく変化してきたことから，特別用途食品制度のあり方について検討が進められ，平成21年（2009年），健康増進法施行規則が次のように改正された．特別の用途として，「高齢者」用を「えん下困難者」用に改めるとともに，えん下困難者用食品（えん下を容易ならしめ，かつ，誤えんおよび窒息を防ぐことを目的とするもの）を含む特別用途食品の表示許可基準ならびに特別用途食品の取り扱いおよび指導要領が定められた．しかし，この改正によって「そしゃくを容易または不要ならしめることを目的とするそしゃく困難者用食品」の規定は除外されることになった．

(1) 基本的許可基準

- 医学的，栄養学的見地から見てえん下困難者が摂取するのに適した食品であること
- えん下困難者により摂取されている実績があること
- 特別の用途を示す表示が，えん下困難者用の食品としてふさわし

いものであること

・使用方法が簡明であること

・品質が通常の食品に劣らないものであること

・適正な試験法によって成分又は特性が確認されるものであること

(2) 規格基準

表5.11に示す規格を満たすものとする．

なお，簡易な調理を要するものにあっては，その指示どおりに調理した後の状態で当該規格を満たせばよいものとする．

また当然のことながら，「えん下困難者用食品」の文字，許可基準区分，喫食の目安となる温度，包装1個当たりの重量，1包装分が含むエネルギーをはじめとする各栄養成分量，医師，歯科医師，管理栄養士等の相談指導を得て使用することが適当である旨の表示

表5.11 えん下困難者用食品の規格基準

規格*1	許可基準I*2	許可基準II*3	許可基準III*4
硬さ（一定速度で圧縮したときの抵抗）（N/m^2=Pa）	2.5×10^3〜1×10^4	1×10^3〜1.5×10^4	3×10^2〜2×10^4
付着性（J/m^3）	4×10^2以下	1×10^2以下	1.5×10^3以下
凝集性	0.2〜0.6	0.2〜0.9	—

*1 常温および喫食の目安となる温度のいずれの条件にあっても規格基準の範囲内であること．

*2 均質なもの（たとえば，ゼリー状の食品）

*3 均質なもの（たとえば，ゼリー状またはムース状等の食品）．ただし，許可基準Iを満たすものを除く．

*4 不均質なものも含む（たとえば，まとまりのよいおかゆ，やわらかいペースト状またはゼリー寄せ等の食品）．ただし，許可基準Iまたは許可基準IIを満たすものを除く．

も義務付けられている．

えん下困難者用食品には，液状食品としては粘稠(ねんちゅう)性のあるスープ，くず湯，おかゆ，固形状のものではねばりや粘着性が少なく，表面がつるりとしてのどごしの良いプリン，ゼリーなどが適しており，寒天やゼラチン，でん粉などが使用されている[50)]．

21.2　テクスチャーデザイン食品

そしゃく機能に配慮した食品の始まりは食事が摂取できない病者用経管流動食であったが，一般の人にもその利用が国の規制が外れたまま急速に広まったことから，さまざまな人の摂食状況に合わせて衛生的で安定した栄養品質をもつ介護用加工食品の提供が求められていた．平成3年（1991年）に「とろみ調整食品」，平成10年（1998年）にはレトルトパウチタイプの介護食品が登場し，平成12年（2000年）の介護保険制度の導入を機に介護用加工食品市場へ参入する企業が相次いだ．これらは，高齢者だけでなく一般の人向けをも対象としたテクスチャーをデザインした食品と呼ぶべき新たな類型ともいえる．

しかしながら，“テクスチャーデザイン食品”のコンセプト，製造管理や品質管理ガイドライン（good manufacturing practice guide, GMP）が不統一であったために混乱を招いていた．そこで平成14年（2002年），日本介護食品協議会が設立され，年齢や障害の有無にかかわらず普段の食事から介護食まで，多くの人が利用できる食品群として「ユニバーサルデザインフード（UDF）」と名付けた，そしゃく配慮食品の自主規格がベビーフードの規格基準を参考に策定された．消費者のわかりやすさを第1に，「かむ力」

「飲み込む力」「かたさ」を目安として4つに区分された（表5.12）.「そしゃく困難者用食品」が特別用途食品制度の規制から外れていたために，UDFがそしゃく配慮食品の類型として広く認知され

表5.12 ユニバーサルフード（UDF）の規格区分（区分1～4）

区分		1：容易にかめる	2：歯ぐきでつぶせる	3：舌でつぶせる	4：かまなくてよい
かむ力の目安		かたいものや大きいものはやや食べづらい	かたいものや大きいものは食べづらい	細かくてやわらかければ食べられる	固形物は小さくても食べづらい
飲み込む力の目安		普通に飲み込める	ものによっては飲み込みづらいことがある	水やお茶がのみ込みづらいことがある	水やお茶がのみ込みづらい
かたさの目安	主食	ごはん～やわらかごはん	やわらかごはん～全がゆ	全がゆ	ペーストがゆ
	主菜	豚の角煮 焼き魚 厚焼き卵	煮込みハンバーグ 煮魚 だし巻き卵	鶏肉のそぼろあん 魚のほぐし煮（とろみあんかけ） スクランブルエッグ	離肉の裏ごしと白身魚のうらごし やわらかい茶わん蒸し
	副菜	にんじんの煮物	にんじんの煮物（一口大）	にんじんのつぶし煮	うらごしにんじん
	デザート	りんごのシロップ煮	りんごのシロップ煮（一口大）	りんごのシロップ煮（つぶし）	やわらかアップルゼリー
物性規格	かたさ上限値 N/m^2=Pa	5×10^5	5×10^4	ゾル，1×10^4 ゲル，2×10^4	ゾル，3×10^3 ゲル，5×10^3
	粘度下限値 mPa·s			ゾル，1,500	ゾル，1,500

る契機となり，そしゃく配慮食品の基準は，UDFの自主規格（表5.12）に事実上委ねられることになった．

えん下を補助する「とろみ調整食品」も数十種類以上市販されてきたが，平成20年（2010年），日本介護食品協議会は，「とろみの強さ」「イメージ」「かたさの目安」から4段階にわかりやすく規格化し，「とろみの目安」と「使用量の目安」を設定して運用が始まった．「かたさの目安」は，TPA (texture profile analysis) による「かたさ」「付着性」「凝集性」，B型回転粘度計による粘度，リング法による保形性，動的粘弾性の歪み，および周波数依存性を測定して物性値間の相関検討を行うとともに測定機関間のクロスチェックを経て，最も有効であったTPAの「かたさ」の値が採用された．

「とろみ調整食品」の特徴は，a) 冷水を加えるだけで滑らかな粘稠性が付与できる， b) ままこにならず分散性に優れている，c) 長期にわたり粘度安定性がある，d) テクスチャーがショートでベタツキがなく無味無臭で嗜好性に優れている，e) 耐熱，耐酸，耐機械剪断性がある，f) 耐冷凍，耐塩性がある，など，糊化済みでん粉，グアーガム，キサンタンガム等の造粒品が利用されている．使用法はすこぶる簡単で，牛乳や果汁，スープなどにただ添加，撹拌するだけで希望する粘稠性が得られ，経口的な食べ物となる．

UDFの生産量は約78,000 t（50,877百万円，2020年）まで急増し，その割合は，区分1（容易にかめる）が大半で約70%，区分2（歯ぐきでつぶせる）が約8%，区分3（舌でつぶせる）が約11%，区分4（かまなくてよい）が約6%で，「とろみ調整食品」は約5%となっている．

えん下調整食においては，その名称やえん下段階は，地域や施設ごとにさまざまであったので利用者の不利益になっていたことから，日本摂食・嚥下リハビリテーション学会は，国内の病院・施設・在宅医療および福祉関係者が共通して使用できるようにえん下調整食およびとろみについて，段階分類を示した（2013 年，表

表 5.13 介護食品の規格経緯と分類整理

日本介護食品協議会，ユニバーサルデザインフード（UDF，そしゃく配慮食品）（2003 年）		日本摂食・嚥下リハビリテーション学会，えん下調整食品（2013 年）		農林水産省，新しい介護食品（スマイルケア食，2015 年）		
				そしゃく・えん下に問題はないが栄養補給を必要とする	（マーク色，青）	
区分 1	容易にかめる			容易にかめる	5（黄）	かむことに問題
区分 2	歯ぐきでつぶせる	えん下調整食 4	はしやスプーンで切れる食品	歯ぐきでつぶせる	4（黄）	
区分 3	舌でつぶせる	えん下調整食 3	形はあるが舌でつぶせる食品	舌でつぶせる	3（黄）	
区分 4	かまなくてよい	えん下調整食 2-2	べたつかずやや不均質なものを含むミキサー食	かまなくてよい	2（黄）	
		えん下調整食 2-1	均質で付着性の低いピューレやミキサー食	少し咀嚼して飲込める	1（赤）	飲込むことに問題
		えん下調整食 1j	ゼリー，プリン，ムース状の食品	口の中でつぶして飲込める	0（赤）	
		えん下訓練食品 0j	ゼリー状でスライス状にすくえる食品	そのまま飲み込める	0（赤）	

5.13)．しかし，ここでは食の形態のみを示し，栄養量や物性測定値については示していない．農林水産省は，これまでの複数の規格や分類を統一的に整理して，超高齢社会の到来で介護食品の市場の拡大を想定し，食品産業や農林水産業の活性化と国民の健康寿命の延伸に貢献するために，平成25年（2015年）「スマイルケア食」と名付けた新しい枠組みを整備し（表5.13），制度の普及に努めた．「スマイルケア食」は，a. 健康維持から栄養補給が必要な人向けの食品に「青」マーク（農林水産省の要領に基づいた事業者の自己適合宣言を行いマーク使用申請），b. 噛むことが難しい人向けの食品に「黄」マーク（JASのそしゃく配慮食品格付け対象を示してマーク利用申請），c. 飲み込むことが難しい人向けの食品に「赤」マーク（消費者庁の特別用途食品の表示許可をもとにマーク利用を申請）の表示を付し，それぞれに応じた新しい介護食品の選択に寄与するもので，そしゃく配慮食品の国の規格が戻ったことになった．現在227商品が許諾されている．

22. 医薬用でん粉

整腸作用，血糖調節効果，血清脂質代謝改善効果を有する，でん粉を出発原料とする難消化性デキストリン，病者の栄養補給用に用いられるデキストリンなどの生理活性効果については19，20節で述べたが，血漿増量作用を有するデキストリンも開発されている．

外傷あるいは外科手術時にしばしば見られる失血性ショックは，循環血液量の減少により生体内で急激に発生する代謝阻害に起因することがわかり，輸血の重要性が認識されたが，ウイルス性肝炎などの危険性から，抗原性の少ない血漿増量剤の需要が拡大している．血漿増量作用を有する多糖類の1つに，酸処理した低粘度ワキシーコーンスターチのヒドロキシエチルでん粉（略称 HES）があり，臓器沈着などの副作用がデキストランなどの多糖類に比べて少ないこと[51]が特徴といえる．

でん粉類には製剤化基材としての効果が見られ，古くから日本薬局方に記載されている．すなわち，局方でん粉としては小麦，米，馬鈴薯でん粉やコーンスターチが薬効分類（本質）では生薬とされ，承認されている適応症および用法（適用）は賦形剤（ふけいざい）である．またヨード反応が淡赤褐色〜淡赤紫色のデキストリンは製剤原料として糊剤，製剤用，希釈剤，乳化剤として医薬用に使われている．当然ながら，これらの品質はきびしく規制されている．

局外規（日本薬局方外医薬品規格）には結合剤，増粘剤として使用される糊化済みでん粉があるが，作業性，コーティング性や経時変化が少ないなどの特性が要求される．また，錠剤や顆粒剤中への水分の侵入を容易にし，内服後に胃液や腸液で崩壊，薬物を放出する崩壊剤にカルボキシメチルでん粉のナトリウム塩（でん粉グリコール酸ナトリウム）が実用化されている．

このほか，酵素によりでん粉粒に1 μm程度の孔をあけ，この中に薬効成分を封入後，表面を被覆して薬剤の徐放化を期待する試みもなされている．

23. 生分解性プラスチック

「生分解性プラスチック」は微生物により分解されて最終的には

水や炭酸ガスなどになる．生ゴミとともにコンポスト（堆肥）して大地に戻せば土地の活性を高め，分解によって容積が減り埋立地の延命や安定化ができ，焼却時の発熱量が低下するなど，地球環境に悪影響を及ぼさないことから1985年頃より開発が進められた．関連の名称に「バイオマスプラスチック」「バイオプラスチック」がある．

「バイオマスプラスチック」は再生産可能なバイオマス資源を原料としたもので，温室効果ガス排出抑制、枯渇性資源の使用削減への期待から利用が増している．しかし，たとえばバイオマスからのエタノールを用いて製造されたバイオポリエチレンは，バイオマスプラスチックだが生分解性が低いので生分解性プラスチックには該当しない．

「バイオプラスチック」は「生分解性プラスチック」と「バイオマスプラスチック」を総称したものである．2018年の全世界のプラスチック製造量は年間約360,000千tで，そのうちバイオマスプラスチックは約1,198千t（製造量の約0.33%），生分解性プラスチックは約912千t（同約0.25%）に対して，日本のプラスチック国内総投入量は約9,920千tで、バイオマスプラスチックは約41千t（総量の約0.41%），生分解性プラスチックは約3.7千t（同約0.04%）で[52]世界の約16%にすぎない．政府のプラスチック資源循環戦略では，2030年までにバイオマスプラスチックを最大限（約200万t）導入するよう目指すとしている．生分解性プラスチックの需要が少ない要因はコスト高（汎用プラスチック単価の2～5倍）にあるので，需要拡大にはこの克服が必須であろう．

近年，廃棄されたプラスチックが海洋に流出し，水の流れや紫外線によって 5 mm，特に数十 μm 以下に微細化してマイクロプラスチックとなり，それが魚介類の体内に蓄積されて生態系や人体に悪影響を及ぼす懸念が高まっている．生分解性は環境によって異なるので水環境における生分解性が望まれる．海洋分解性を正しく評価する重要性から ISO 22766（2020 年 3 月，海岸線から水深 200 m までのフィールド崩壊性試験方法），ISO 22403（2020 年 4 月，生分解性評価方法）が制定された．これらの合否判定には 2〜3 年程度の長い試験期間が必要となるので，新規開発は，より分解速度が速く試験期間が短いプラスチックが優先されることになると予想される．分解予測がさらに難しい深海での評価法の検討の動きもあるとされる．また，水環境に遭遇して初めて，埋め込んだ酵素によって生分解を開始させる[53]ことは，必要な時に分解させる生分解開始制御技術として期待される．

生分解の程度や速度に対する基本的要因は，1) プラスチックを構成する分子鎖の種類とその結合様式、2) 分子鎖の高次構造形成性、3) 分子鎖同士の会合性とその結晶性，4) このジャンクションゾーンや分子鎖の絡み合いを経て作られる 3 次元網目構造の形成性，5) 分子鎖間の架橋の有無と考えられる．それ故，これらの要因を明らかにし，その制御方法を考えて検証することで，求める生分解性をもつ生分解性プラスチックの開発が試行錯誤を少なくしながら展開できると考えられる．

生分解性プラスチックは，合成方法の相違から天然高分子型，微生物合成型と化学合成型に，また分解の程度により，光分解性（崩壊型），生分解性（崩壊型），生分解性（完全分離型）に分類される．環境に放置されると回収しにくい釣り糸や漁業用の網や人工藻，農作業用のシートやポットなどを中心に実用化されてきた．生分解性プラスチックは一般に，衝撃を与えると割れやすいこと，熱に弱いこと，値段が高いことが弱点であるが，最近になって，弱点を補う技術が開発されて利用が広がってきている．たとえば，土木用の土嚢や杭，パソコンやヘッドホンステレオ，光ディスク，文房具，歯ブラシ，食器類，電池の包装パック，ごみ袋等と多岐にわたる．金属製のねじだともう一度手術をして取り出す必要があるが，生分解性プラスチックならその必要がないので，骨をつなぐ医用材料も開発されている．

でん粉はその膨化性を利用してポップコーンやえびせんべいなどのスナック菓子，最中の皮やオブラート，アイスクリームのコーンカップなどの可食性容器，ハイアミロースコーンスターチによる可食性フィルムなどに古くから用いられていることから，生分解性プラスチック原料として非常に有望視される．でん粉系生分解性プラスチックについては，平成6年（1994）のリレハンメル冬季オリンピックで環境問題を配慮して食堂のナイフ，フォーク，スプーンにでん粉系の生分解性プラスチックが使われ，また皿などの食器もでん粉製の素材が採用されたことが報道され話題となった．

2005年の愛・地球博でも，トウモロコシ等からのでん粉から作られるポリ乳酸とエステル化でん粉等を用いた生分解性プラスチックが食器類やゴミ袋に使われた．でん粉系の生分解性プラスチックの概要は次のようである[54]．

(1)　緩　衝　材

コーンスターチのようなでん粉に適度の水分，および必要に応じてポリビニルアルコールなどを加え，エクストルーダーまたはパフマシンで高温，高圧下で押し出すことにより，発泡ポリスチレンに似たバラ状緩衝材ができる．この特徴は土壌中の微生物によるほぼ100%の生分解性にある．しかしながら，湿度や水分に弱い本質的欠点があり，この改善法も種々提案されている．

(2) 発泡容器

軽さや丈夫さなどの優れた性能から発泡ポリスチレン容器は，大量に利用されるが，廃棄処理が問題となっている．この代替にでん粉，植物繊維，タンパク質，脂肪やカルシウムなどを含んだ懸濁液を成型機中で180°Cで1～2分加熱，冷却して多孔性の発泡容器が製造されているが，耐水性の点から水分16%以下の食品に限られる．耐水性の改善には，でん粉発泡容器の表面を耐水性生分解性プラスチックフィルムによる被覆やツェインのような疎水性タンパク質の塗布か結合が有効である．しかし，安定性や製造工程の点では改良が望まれる．アルキルケテンダイマーのような疎水性物質を加えた発泡容器は，良好な耐水性を示す．

(3) でん粉複合プラスチック

水分約0.5%の乾燥でん粉（粉末状）に約10%の自動酸化促進剤をポリエチレンとブレンドしたフィルムは，レジ袋として使用されたが，でん粉以外は分解せずに残るために消滅した．現在では生分解性の脂肪族ポリエステルの一種であるポリカプロラクトン（PCL）にでん粉を40～80%均一分散させたブレンド複合プラスチックが開発されている．これはPCL単独のプラスチックより生分解速度が速く，曲げ弾性率が向上するなどの利点がある[55]．

糊化でん粉も利用される．糊化でん粉にPCLをブレンドして耐水性や機械物性に優れた薄いフィルムやプラスチックが得られている．また，ポリビニルアルコールやポリエチレン-ビニルアルコール共重体や，植物油，可塑剤を加え，天然物成分約60%のシートやフィルムが作られ，その生分解性は300日で約80%とされる．コーンスターチにでん粉の水酸基に着眼した加工技術を高度に施して，でん粉の骨格構造をもち熱可塑性や耐水性のある生分解プラスチックが得られている．このほか，セルロース誘導体との複合体の開発も進められていて，使用でん粉の種類はいずれでもよいとされる．ヒドロキシプロピルでん粉とTEMPO酸化セルロースナノファイバー（セルロースミクロフィブリル表面のC6位がカルボキシ化された高結晶性ナノファイバー）を含む混合液を乾燥して製膜した複合プラスチックシートは，透明で汎用プラスチックの2倍以上の強度で，高い耐水性を示すが海水中では1カ月で分解が進む海洋生分解性を示す[56]．

紙や繊維などの天然包装材料が汎用プラスチックに置き換わって1980年以降定着したが，社会環境の変化から天然素材であるでん粉が再び注目を浴びてきた．この視点でトイレタリー，園芸用品，アウトドア用品，繊維製品，海洋生分解性素材，医療素材などを考え直すのも興味深い開発テーマといえる．

引用文献

1)　高橋禮治, 食品工業, (6下), 31 (1974).
2)　坪本穂積ら, 月刊フードケミカル, (3), 98 (1992).
3)　P. Cowburn, Food Processing, (July), 15 (1988).

4) 和田淑子ら, 日本栄養・食糧誌, **40**, 227 (1987).
5) 石井克枝, 福島大学理科報告, (40), 57 (1987).
6) 斉藤昭三, “米菓のすべて”, 食品出版社 (1977), p. 14.
7) 小島隆寿, 大阪市立大学博士論文 (1987), p. 47.
8) 特開　平 6-276949.
9) 杉本勝之, 澱粉科学, **39**, 57 (1992).
10) 特開　平 4-23951.
11) T. J. Schoch, *Baker's Dig.*, **39**, 48 (1965).
12) T. Yasunaga *et al.*, *Cereal Chem.*, **45**, 269 (1968).
13) 和田公仁, 月刊フードケミカル, (10), 30 (1997).
14) 水越正彦, “食品の物性”, 14 集, 松本幸雄, 山善正編, 食品資材研究会 (1989), p. 97.
15) 藤井敏子ら, 日食工, **37**, 624 (1990).
16) 特開　平 7-75479.
17) 永島伸浩ら, 家政誌, **36**, 482 (1985).
18) 寺元芳子, 調理科学, **3**, 230 (1970).
19) M. Oda *et al.*, *Cereal Chem.*, **57**, 253 (1980).
20) 柴田茂久, 日食工, **35**, 213 (1988).
21) 食品産業新聞社編, “冷凍麺のすべて”, 食品産業新聞社 (1990), p. 28.
22) 特開　平 3-143361.
23) 新原立子ら, 日食工, **32**, 188 (1985).
24) 高橋節子, 調理科学, **21**, 2 (1988).
25) 遠山良ら, 日食工, **41**, 299 (1994).
26) 特開　平 6-237719.
27) 特開　平 4-16157.
28) 岡田稔ら , 日水誌, **23**, 476 (1957).
29) 山下民治ら, 日食工, **36**, 216 (1989).
30) 山沢正勝, 日水誌, **57**, 965 (1991).
31) 特開　平 7-132067.
32) 特公　平 5-53459.
33) 朝田仁ら, ニューフードインダストリー, **35**, 17 (1993).
34) 特開　平 6-296462.
35) 特開　平 5-161446.
36) 特開　平 6-253736.

37)　特開　平 7-50994.
38)　T. J. Schoch, 澱粉工誌, **14**, 70 (1967).
39)　橋本直樹, 澱粉, **37**, 201 (1992).
40)　布川弥太郎, 澱粉科学, **28**, 115 (1981).
41)　高橋禮治, 第2回ハイドロコロイドシンポジウム講演要旨集, 大阪 (1991).
42)　大隈一裕ら, 澱粉科学, **37**, 3 (1990).
43)　若林茂, 月刊フードケミカル, (7), 38 (1995).
44)　特公　平 7-28694.
45)　特公　平 7-28693.
46)　特公　平 7-28695.
47)　特公　平 5-255402,　6-8071.
48)　柏原典雄, 化学と生物, **28**, 238 (1990).
49)　野村誠ら, 臨床栄養学雑誌, **16**, 82 (1994).
50)　赤羽ひろ, 臨床栄養, **79**, 35 (1991).
51)　高橋禮治, 化学と工業, **27**, 505 (1974).
52)　環境省, 経済産業省, 農林水産省, 文部科学省, バイオプラスチック導入ロードマップ　～持続可能なプラスチックの利用に向けて～, 令和3年1月.
53)　Q. Y. Huang ら, Polymer Degradation and Stability, 190, August 2021, 109647.
54)　工藤謙一, 化学と生物, **33**, 160 (1995).
55)　常磐豊ら, *Polym. Mats. Sci. Eng.*, **63**, 742 (1990).
56)　特開 2021-021063.

参 考 文 献

1.　遠藤一夫ら, “食品製造工程図表”, 化学工業社 (1984).
2.　日本粉体工業技術協会編, “造粒ハンドブック”, オーム社 (1991).
3.　渡辺長男, 鈴木繁男, 赤尾裕之, 小原哲二郎編, “製菓事典”, 朝倉書店 (1981).
4.　田中康夫, 松本博編, “製パンプロセスの科学”, 光琳 (1991).
5.　小田聞多編, “めんの本”, 食品産業新聞社 (1986).
6.　岡田稔, 衣巻豊輔, 機関源延編, “魚肉ねり製品”, 恒星社厚生閣 (1981).
7.　鈴木善, “食肉製品の知識”, 幸書房 (1992).

8. 太田静行ら, “たれ類—その製造と利用”, 光琳 (1989).
9. 太田静行, 湯木悦二, “フライ食品の理論と実際”, 幸書房 (1989).
10. 清水潮, 横山理雄, “レトルト食品の基礎と応用”, 幸書房 (1995).
11. 日本冷凍食品協会監修, “冷凍食品事典”, 朝倉書店 (1979).
12. 佐藤博監修, 小越章平編, “経腸栄養”, 朝倉書店 (1984).

VI　でん粉質食品の特徴

食品は，安全，栄養，嗜好（おいしさ）の3つを満たさねばならない．特に安全は，食品の最も大切な第1条件である．第2条件の栄養も，健康に生涯全うするために食品の機能性を含めて重要である．しかし，食品は栄養のかたまりでもなければ機能性成分のかたまりでもない．むしろ食の目的は，食べることを楽しむこと，人と人をつなぐ豊かさを培うことにも及ぶことから，第3の嗜好，すなわち，おいしさの意義は大きい．

食品のおいしさは，これまで馴染んできた食文化や過去の食経験，年齢や食事をするときの健康などの生理的状態，喜怒哀楽のような心理状態，温湿度や食器・インテリアなどの雰囲気環境，また，経済状況などのさまざまな外的要因の影響を受ける．しかも，食品相互の組み合わせや味の交流によっては，さらに豊かなおいしさが生み出されるなど奥行きは深い．

この食品の嗜好性の本質は，そのものの味（味覚），香り（嗅覚），色や形（視覚），温度やかみごたえ（触覚），そしゃくの音（聴覚）などを直接五感で感じ取ることに始まる．すなわち，

(1) 口の中や舌で味わう味覚

(2) 歯触り，舌触りなどの口当たり

(3) 匂いや香りなど鼻で味わう風味

(4) 熱さ，冷たさなど温度による感覚

(5) 飲み込む時ののどごしの感触

(6) 色どりや形など目で味わう感覚

(7) 器や盛り付けなど目で見て楽しむ感覚

(8) 口や舌にくる刺激感

(9) 食べる時の音など耳で楽しむ感覚

など，われわれは五感をすべて動員しておいしさを追求しているともいえる．

おいしさのうちで甘味や酸味などの味覚，匂いや香りなどの風味は，その構成物質が低分子物質であり，その感覚認識も味蕾や嗅細胞の受容体に結合することよって生じることから，化学的なおいしさといえる．一方，硬い，軟らかいといった口当たり，温かいまんじゅうや冷たい水大福といった温度的な感覚，のどごしの感触，形や色やつや，米菓を噛む時のカリカリした音などは，食品の物理的性質に由来するところから物理的なおいしさといえる．

でん粉は無味無臭の高分子物質で，加熱により糊化し，濃度の増大に伴いゾル状態からゲル状態，さらに脱水することによりキセロゲル状態と幅広く変化するので，優れた物性形成素材として非常に多くの食品に利用されている．たとえば，加熱により急速に水を抱え込み膨潤してアミログラフの立ち上がり粘度を急上昇させるでん粉の挙動は，歯ごたえのあるかまぼこ，シコシコしたうどんなどに弾力と粘りのあるゲル食感を与え，適度に低水分化するとサクサクしたクッキー食感に変化する．またアミログラフの最高粘度を過ぎると，でん粉は粘稠（ねんちゅう）性に富んだゾル，そして軟らかいゲル状態になり，わらびもちなどの和生菓子類やスープ，ソースやたれ類など特有の食感を形成する．

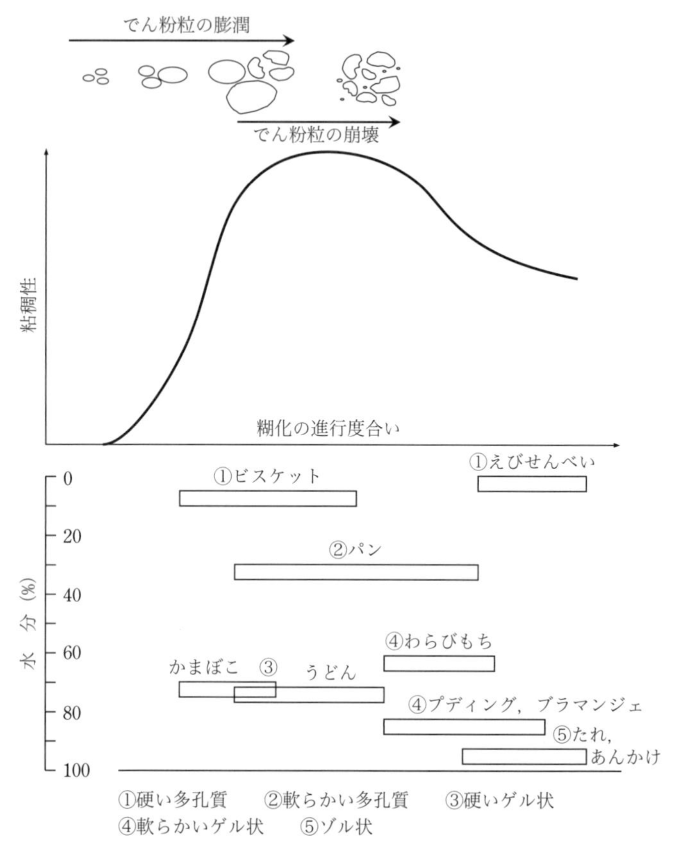

図 6.1　でん粉質食品の物性マッピング（高橋禮治，1990，改図）

でん粉質食品のテクスチャーは多種多様で，低水分の硬い多孔質食品，やや水分の多い軟らかい多孔質食品，硬いゲル状食品，さらに水分の多い軟らかいゲル状，ゾル状食品に分類できる[1]．また，これらの分類されたテクスチャー感覚は，特にV章の 4〜16 節で触れたように，その製造方法，なかでも食品中のでん粉が加熱により適度な糊化状態にあることが必要である．しかしながら，食品中のでん粉の糊化状態を示す粒構造を的確にとらえることは難しい．

そこで各種食品の糊化の状態を，酵素による糊化度[2]，アミログラムに最高粘度が現れる状況（図 5.4 参照）や顕微鏡によるでん粉粒の膨潤，崩壊状況[3]や，テクスチャーに及ぼす影響の大きい水分との関係の中に，代表的なでん粉質食品を位置付けて図 6.1 に示す．なお，各種食品中のでん粉粒の状況は均一ではなく色々な状態で存在するが，本図ではその分布量までは描いていない．

ところで，でん粉の糊化の程度はでん粉の種類により異なるとともに，同一でん粉でも小粒子ほど糊化しにくい．また，糊化は加熱により水がでん粉粒内に侵入することによって起こるので，加水量の少ないほどその進行は途中で止まることになる．このほか，加熱温度や時間，ショ糖や食塩，油脂やアミノ酸，タンパク質などの併用成分，さらには撹拌や混練などの機械的条件でも影響を受ける．このうち，でん粉の種類による影響が最も大きい．嗜好に合った食品に特有なテクスチャーを付与するには，使用するでん粉を適切に選び，そのうえで加水量や併用剤，加熱温度や時間を工夫し，でん粉粒の加熱糊化状態をコントロールして好みのテクスチャーを具現化した先人の知恵には，ただただ感嘆するのみである．

しかしながら近年，食嗜好の変化は大きく好みの幅も広がり，テクスチャーについてもいえる．たとえば，かまぼこはここ数年間で，硬さよりもしなやかさが重視され，米菓ではサクサクした口溶けの良いものが賞用されるなど，軽くてソフトなものを志向する傾向にある．このため，でん粉を主体とする食品のテクスチャーも従来の慣習にとらわれることなく，経験上今までに使用されなかった異種でん粉や加工でん粉の使用や組み合わせ，また糊化条件の変更によって，新規なテクスチャー形成の開発も可能となっている．このほか，たとえばタブレットをあめ生地で包み込んだキャンディー，アイスクリームをもちで包んだ雪見だいふく，パンにシューの上掛けをしたシューロールやメロンパン，ケーキとパイの組み合わせのように，異種のテクスチャーの組合せによって微妙な不均一性を有するテクスチャーの創造により，新たなおいしい組立て食品の開発も進んでいる．

また最近の消費者の要求は，高エネルギーから低エネルギー食品，さらにはノンエネルギー食品への移行傾向とともに，健康志向食品への高まりをみせている．また，食品のこれらの機能的特徴化に加えて消費者の感性に応える製品デザインや，遊び心をくすぐる要素も求められるようになった．また，3D プリンターの登場で，原料である食品用インクの開発が本格的に進むと，供給される食用インクを使って自分好みの任意の色と形状，そして物性の食品を施設や自宅で作って食べられるようになり，これまでにない食品供給形態も登場する可能性もある．食品用インクの開発にもでん粉，特に加工でん粉は大きな要素になるであろう．各種の加工方法や利用方法の積み重ねにより，表 6.1 に示すような，特徴ある機能をもつ加工でん粉が数多く提供されていて，その機能を現わす食品づくりに利用されている（表 6.2）．つまり，多様化する食品に対して，でん粉は求めるテクスチャーを形作るだけでなく，様々な望まれる機能を発現する食品づくりができる食品素材といえる．

このような機能を有するでん粉を利用した食品を開発する際に，

表 6.1　新しい機能を有するでん粉（稲田，1994）

求めるでん粉の機能	対応する加工でん粉
冷水で糊化	糊化済みでん粉
低粘度	酸化（可溶性）でん粉
冷水可溶，低甘味	でん粉分解物
耐老化性，透明性	エステル化でん粉
糊化温度の低下	エーテル化でん粉
耐剪断力性 耐熱性，耐酸性 テクスチャー改善	架橋でん粉 湿熱処理でん粉
油脂吸着	多孔質でん粉
乳化能	親油性でん粉
油脂代替	油脂代替デキストリン
生理作用 整腸作用 血糖調節 コレステロール低下 カロリー低減	難消化性デキストリン（レジスタントスターチ）

基本的に明確にする必要がある事項を P. S. Smith（1994 年）の記事[4]を参考にして，次に列挙する[4].

(1) 開発する食品は何か.

(2) 開発する食品において消費者が求める物理的特性，感覚的特性，販売上の特性は何か.

(3) この食品はどのように製造，包装，販売するか.

(4) その系の中ででん粉がどのように機能するように実現させ

表 6.2　でん粉製品の食品への使用例

効　　果	食　品　例
栄養機能（1 次機能）	
エネルギー調節	乳化食品，低エネルギー食品
エネルギー供給	経腸栄養剤，調整粉乳，病人食，スポーツ飲料
嗜好性向上（2 次機能）	
コク味付与	酒，飲料
粘稠性付与	たれ，ソース，つゆ
濃厚化・ボディー感	フラワーペースト，わらびもち，くずもち，切りもち，アイスクリーム
乳化安定性付与	フラワーペースト，ドレッシング
凍結変性防止	凍結乾燥野菜，凍結乾燥豆腐，卵焼，麺類，和菓子
結着性付与	ハム，ソーセージ，ハンバーグ，シューマイ，かまぼこ
油脂吸着性	粉末香料，粉末油脂
粉末化	粉末スープ，粉末醤油，粉末調味料
流動性改善	希釈剤
溶解性改善	粉末スープ
付着防止	とり粉
口溶け性改善	ケーキ，クッキー，ビスケット
膨化性改善	あられ，えびせんべい，スナック
つや出し	あられ，米菓，珍味，糖衣錠
ソフト化	パン，ケーキ，もち，和菓子，麺類，かまぼこ
生体調節（3 次機能）	
体調調節	機能性食品（特定保健用食品）
保存性の向上（流通特性）	
保湿性の付与	ケーキ，和菓子，佃煮，漬物
水分活性の調節	あん，ジャム，和菓子，ハム，ソーセージ
低温劣化防止（離水防止）	ペースト食品，ゼリー，ハム，ソーセージ，かまぼこ
結晶析出防止	アイスクリーム，キャンディー，あん
レトルト耐性付与	レトルト食品，缶詰，和菓子
調理性の向上（加工特性）	
ゆで時間の短縮	麺類
ドリップ防止	ハンバーグ，ミートボール
煮崩れ防止	もち，おでん種
ころもはがれ防止	フライ，てんぷら
てんぷら食感改善	てんぷら，から揚げ

たいか.（レシピにでん粉製品が組み込まれている食品の例を表6.2に示した.）

(5) 使用するでん粉には何を選択するか.

(6) 新しい配合を適切に実施するには，従来の系にでん粉をどのように適合させればよいか.

引用文献

1) 高橋禮治, 澱粉科学, **21**, 51 (1974).
2) 尾崎直臣, 栄養と食糧, **13**, 149 (1960).
3) 種谷眞一ら, “食品・そのミクロの世界”, 槇書店 (1991).
4) P. S. Smith, 月刊フードケミカル, (3), 22 (1994).

索　引

欧　文

和　文

ア

索　引

カ

サ

タ

ナ

ハ

マ

ワ

■原著者

高橋禮治（たかはし・れいじ）　工学博士

1928年　神奈川県に生まれる.
1948年　横浜工業専門学校工業化学科（現 横浜国立大学工学部）卒業.
同　年　味の素株式会社に入社，川崎工場技術部，食品開発研究所，油脂開発研究所で，でん粉，たん白，油脂などの加工・利用技術および加工食品の開発に従事.
1970年　日本澱粉学会学会賞受賞.
1976年　東京農工大学農学部非常勤講師（～1982）.
1979年　サントリー株式会社に入社，新規食品開発チーム，食品研究所で調理加工食品の研究・開発に従事.
1989年　松谷化学工業株式会社に入社，研究所にてでん粉およびその分解物の加工･利用開発に従事.
2002年2月　退職.

著　者　『魚肉ねり製品』（恒星社厚生閣），『澱粉科学ハンドブック』『澱粉科学実験法』『製菓事典』（朝倉書店）「マテリアル破壊応用ハンドブック」（サイエンスフォーラム）（いずれも分担執筆）

■改訂編著者

高橋幸資（たかはし・こうじ）　農学博士

1947年　東京都に生まれる
1970年　東京農工大学農学部農芸化学科卒業
1972年　同農学研究科修士課程修了
同　年　東京栄養食糧学校専任講師
1978年　東京栄養食糧専門学校（改称）教授，日本栄養改善学会学会賞受賞
1981年　日本澱粉学会奨励賞受賞
1983年　東京農工大学助手（農学部農芸化学科）
1988年　同助教授
1994年　同教授
2010年　日本応用糖質科学会学会賞受賞
2013年　同定年退職，名誉教授，農学部附属硬蛋白質利用研究施設参与研究員，東京栄養食糧専門学校管理栄養士科非常勤講師（現在に至る）

著　者　『基礎からの食品実験 食への興味と理解の深まりに』，『新ポケット 食品・調理実験辞典 改訂増補第1版』（幸書房），『新編 標準食品学各論』（医歯薬出版），『新食品学実験法』（朝倉書店），『動物資源利用学』（文英堂出版），『新熱分析の基礎と応用−超電導からバイオまで，その多彩な展開』（日刊工業新聞社），『ミルクのサイエンスⅡ−ミルクの新しい働き』（全国農協乳業プラント協会），『革および革製品用語辞典』（光生館），『生物化学実験法 19　澱粉・関連糖質実験法』（学会出版センター），『食品の物性第8集』（食品資材研究会）（いずれも分担執筆）

改訂増補第 2 版　でん粉製品の知識

1996 年 5 月 25 日　初　　版　第 1 刷　　発行
2016 年 3 月　1 日　改訂増補　初版第 1 刷　発行
2018 年 7 月　1 日　改訂増補　初版第 2 刷　発行
2019 年 3 月 11 日　改訂増補　初版第 3 刷　発行
2019 年 9 月 20 日　改訂増補　初版第 4 刷　発行
2022 年 8 月 30 日　改訂増補第 2 版　初版第 1 刷　発行

原 著 者　高 橋 禮 治
改訂編著者　高 橋 幸 資
発 行 者　田 中 直 樹
発 行 所　株式会社　幸書房
〒 101-0051　東京都千代田区神田神保町 2-7
TEL03-3512-0165　FAX03-3512-0166
URL　http : // www. saiwaishobo. co. jp

装　幀：(株) クリエイティブ・コンセプト（松田 晴夫）
組　版：デジプロ
印　刷：シ ナ ノ

ISBN978-4-7821-0467-5　C3058